"一带一路"生态环境遥感监测丛书

"一带一路"
东南亚区生态环境遥感监测

柳钦火　吴俊君　仲　波　李　静　辛晓洲　贾　立等　著

U0311076

科学出版社

北　京

内 容 简 介

本书针对东南亚区域土地覆盖/土地利用状况、光温水气候条件、主要生态资源分布与主要生态环境约束因素等进行了分析；从重要节点城市内部结构与周边环境出发，利用城市建成区不透水层遥感数据、10km缓冲区土地覆盖产品和城市夜间灯光数据变化，对城市宜居水平和扩展潜力进行了分析，对"一带一路"重要节点城市现状和未来发展进行了评价；以经济走廊100km缓冲区为监测区域，分析廊道内部生态环境状况、主要生态资源分布和廊道节点城市发展状况，对廊道各段存在的地形、气候、灾害、保护区等约束因素进行统计评估，可为廊道基础设施建设过程提供决策依据。

本书可供从事生态环境研究和遥感应用研究的科研人员，以及"一带一路"倡议实施政府工作人员参考。

审图号：GS(2018)5795 号

图书在版编目（CIP）数据

"一带一路"东南亚区生态环境遥感监测/柳钦火等著．—北京：科学出版社，2019.4

（"一带一路"生态环境遥感监测丛书）

ISBN 978-7-03-051283-3

Ⅰ．①一… Ⅱ．①柳… Ⅲ．①区域生态环境－环境遥感－环境监测－东南亚 Ⅳ．① X87

中国版本图书馆 CIP 数据核字 (2016) 第 320026 号

责任编辑：朱 丽 朱海燕 籍利平/责任校对：何艳萍
责任印制：吴兆东/封面设计：图阅社

科 学 出 版 社 出版
北京东黄城根北街 16 号
邮政编码：100717
http://www.sciencep.com

北京虎彩文化传播有限公司 印刷
科学出版社发行 各地新华书店经销
*
2019 年 4 月第 一 版 开本：787×1092 1/16
2019 年 8 月第二次印刷 印张：6 1/4
字数：180 000
定价：99.00 元
（如有印装质量问题，我社负责调换）

"一带一路"生态环境遥感监测丛书
编委会

主　任　李加洪　　　刘纪远

委　员　张松梅　　　张镱锂　　林明森　　刘　慧　　柳钦火
　　　　牛　铮　　　高志海　　宫　鹏　　包安明　　葛岳静
　　　　徐新良　　　何贤强　　侯西勇　　张　景　　张　瑞
　　　　欧阳晓莹　　李　晗　　彭焕华

作者名单

编写人员名单

柳钦火　吴俊君　赵　静　张海龙　贾　立　宋　涛
郑超磊　胡光成　李　丽　彭菁菁　等

数据产品生产制作参与人员名单

数据收集与处理：仲　波　李国庆　吴善龙　唐勇　等
植被产品：李　静　赵　静　高　帅　李增元　刘青旺　等
辐射产品：辛晓洲　张海龙　李　丽　余珊珊　等
水文产品：贾　立　郑超磊　卢　静　等
地表覆盖产品：吴俊君　俞　乐　徐新良　王　聪　刘　超　等

丛书出版说明

2013 年 9 月和 10 月，习近平主席在出访中亚和东南亚国家期间，先后提出了共建"丝绸之路经济带"和"21 世纪海上丝绸之路"（简称"一带一路"）的重大倡议。2015 年 3 月 28 日，国家发展和改革委员会、外交部和商务部联合发布《推动共建丝绸之路经济带和 21 世纪海上丝绸之路的愿景与行动》（简称《愿景与行动》），"一带一路"倡议开始全面推进和实施。

"一带一路"陆域和海域空间范围广阔，生态环境的区域差异大，时空变化特征明显。全面协调"一带一路"建设与生态环境保护之间的关系，实现相关区域的绿色发展，亟须利用遥感技术手段快速获取宏观、动态的"一带一路"区域多要素地表信息，开展生态环境遥感监测。通过获取"一带一路"区域生态环境背景信息，厘清生态脆弱区、环境质量退化区、重点生态保护区等，可为科学认知区域生态环境本底状况提供数据基础；同时，通过遥感技术快速获取"一带一路"陆域和海域生态环境要素动态变化，发现其生态环境时空变化特点和规律，可为科学评价"一带一路"建设的生态环境影响提供科技支撑；此外，重要廊道和节点城市高分辨率遥感信息的获取，还将为开展"一带一路"建设项目投资前期、中期、后期生态环境监测与评估，分析其生态环境特征、发展潜力及可能存在的生态环境风险提供重要保障。

在此背景下，国家遥感中心联合遥感科学国家重点实验室于 2016 年 6 月 6 日发布了《全球生态环境遥感监测 2015 年度报告》，首次针对"一带一路"开展生态环境遥感监测工作。年报秉承"一带一路"倡议提出的可持续发展和合作共赢理念，针对"一带一路"沿线国家和地区，利用长时间序列的国内外卫星遥感数据，系统生成了监测区域现势性较强的土地覆盖、植被生长状态、农情、海洋环境等生态环境遥感专题数据产品，对"一带一路"陆域和海域生态环境、典型经济合作走廊与交通运输通道、重要节点城市和港口开展了遥感综合分析，取得了系列监测结果。因年度报告篇幅有限，特出版《"一带一路"生态环境遥感监测丛书》作为补充。

丛书基于"一带一路"国际合作框架，以及"一带一路"所穿越的主要区域的地理位置、自然地理环境、社会经济发展特征、与中国交流合作的密切程度、陆域和海域特点等，分为蒙俄区（蒙古和俄罗斯区）、东南亚区、南亚区、中亚区、西亚区、欧洲区、非洲东北部区、海域、海港城市共 9 个部分，覆盖 100 多个国家和地区，针对陆域 7 大区域、

6 个经济走廊及 26 个重要节点城市的生态环境基本特征、土地利用程度、约束性因素等，以及 12 个海区、13 个近海海域和 25 个港口城市的生态环境状况进行了系统分析。

丛书选取 2002 ～ 2015 年的 FY、HY、HJ、GF 和 Landsat、Terra/Aqua 等共 11 种卫星、16 个传感器的多源、多时空尺度遥感数据，通过数据标准化处理和模型运算生成 31 种遥感产品，在"一带一路"沿线区域开展土地覆盖、植被生长状态与生物量、辐射收支与水热通量、农情、海岸线、海表温度和盐分、海水浑浊度、浮游植物生物量和初级生产力等要素的专题分析。在上述工作中，通过一系列关键技术协同攻关，实现了"一带一路"陆域和海域上的遥感全覆盖和长时间序列的监测，实现了国产卫星与国外卫星数据的综合应用与联合反演多种遥感产品；实现了遥感数据、地表参数产品与辅助分析决策的无缝链接，体现了我国遥感科学界在突破大尺度、长时序生态环境遥感监测关键技术方面取得的创新性成就。

丛书由来自中国科学院遥感与数字地球研究所、中国科学院地理科学与资源研究所、国家海洋局第二海洋研究所、中国林业科学研究院资源信息研究所、北京师范大学、清华大学、中国科学院烟台海岸带研究所、中国科学院新疆生态与地理研究所等 8 家单位的 9 个研究团队共 50 余位专家编写。丛书凝聚了国家高技术研究发展计划（863 计划）等科技计划研发成果，构建了"一带一路"倡议启动期的区域生态环境基线，展示了这一热点领域的最新研究成果和技术突破。

丛书的出版有助于推动国际间相关领域信息的开放共享，使相关国家、机构和人员全面掌握"一带一路"生态环境现状和时空变化规律；有助于中国遥感事业为"一带一路"沿线各国不断提供生态环境监测服务，支持合作框架内有关国家开展生态环境遥感合作研究，共同促进这一区域的可持续发展。

中国作为地球观测组织 (GEO) 的创始国和联合主席国，通过 GEO 合作平台，有意愿和责任向世界开放共享其全球地球观测数据，并努力提供相关的信息产品和服务。丛书的出版将有助于 GEO 中国秘书处加强在"一带一路"生态环境遥感监测方面的工作，为各国政府、研究机构和国际组织研究环境问题和制定环境政策提供及时准确的科学信息，进而加深国际社会和广大公众对"一带一路"生态建设与环境保护的认识和理解。

李加洪　刘纪远

2016 年 11 月 30 日

前　　言

"一带一路"东南亚区陆域途经区域范围广阔,自然环境复杂多样,既有高原、山地,又有富饶的平原、三角洲和雨量丰沛的热带雨林。东南亚受季风的强烈影响,地震、洪涝、泥石流等自然灾害频发,生态环境要素异动频繁,全面协调"一带一路"建设与生态环境可持续发展,亟须利用遥感技术手段快速获取宏观、动态的全球及区域多要素地表信息,开展生态环境遥感监测。通过获取"一带一路"东南亚区域生态环境背景信息,厘清生态脆弱区、环境质量退化区、重点生态保护区等,可为科学认知区域生态环境本底状况提供数据基础;同时,通过遥感技术快速获取生态环境要素动态变化,发现其生态环境时空变化特点和规律,可为科学评价"一带一路"建设的生态环境影响提供科技支撑;此外,重要廊道和节点城市高分辨率遥感信息的获取,还将为开展"一带一路"建设项目投资前期、中期、后期生态环境监测与评估,分析其生态环境特征、发展潜力及可能存在的生态环境风险提供重要保障。相关成果不仅可为"一带一路"倡议的实施规划方案制定提供现势性和基础性的生态环境信息,而且可作为"一带一路"倡议实施过程中的生态环境动态监测评估的基准。数据产品将无偿与相关国家和国际组织共享,共同促进区域可持续发展。

本书从东南亚区域范围到经济走廊再到重要节点城市生态环境状况监测,实现了面—线—点的层层递进分析。秉承"一带一路"倡议提出的可持续发展和合作共赢理念,本书针对"一带一路"东南亚沿线区域,利用土地覆盖、植被生长状态、农情、环境等方面的生态环境遥感专题数据产品分析东南亚区、中国–中南半岛经济走廊及8个重要节点城市的生态环境基本特征、土地利用程度、约束性因素等进行了系统分析,取得了系列且非常有意义的监测结果。

全书共分为五章。第1章介绍东南亚生态环境特点与社会经济发展背景,由柳钦火、宋涛、吴俊君、张海龙、辛晓洲等编写;第2章介绍东南亚主要生态资源分布与生态环境限制,由柳钦火、吴俊君、赵静、胡光成、张海龙、郑超磊、李静、辛晓洲、贾立等编写;第3章介绍东南亚区"一带一路"重要节点城市生态环境状况,由吴俊君、宋涛、柳钦火、李静等编写;第4章介绍东南亚区典型经济合作走廊和交通运输通道,由吴俊君、张海龙、胡光成、赵静、柳钦火、宋涛、郑超磊、李静、辛晓洲、贾立等编写;第5章为全书的重要结论,由柳钦火、吴俊君、彭菁菁等编写。全书由柳钦火、吴俊君统合定稿。

中国科学院地理科学与资源研究所的张镱锂研究员、中国科学院遥感与数字地球研究所的牛铮研究员和中国林业科学研究院资源信息研究所的高志海研究员审阅了全文，并提出了宝贵的修改意见和建议。参与项目的其他老师和同学为本书的出版也作出了极大的贡献，在此一并表示衷心的感谢。

本书出版得到国家高技术研究发展计划（863 计划）"星机地综合定量遥感系统与应用示范"项目和团队的支持。感谢中国科学院寒区旱区环境与工程研究所等参与产品验证；感谢国家卫星气象中心、中国资源卫星应用中心、生态环境部卫星环境应用中心等提供卫星遥感观测数据；感谢中国科学院计算机网络信息中心提供产品生产的计算资源；感谢国家基础地理信息中心提供报告的基础地理底图。

由于作者水平有限，加上"一带一路"及全球生态环境监测与评价是国家政策和科学研究的热点领域，知识更新速度快，书中难免有疏漏和不足，敬请读者和同行专家批评指正。

柳钦火

2018 年 11 月 11 日

目　录

第1章 东南亚生态环境特点与社会经济发展背景

东南亚位于亚洲东南部,包括中南半岛和马来群岛两大部分(图1-1),包括越南、老挝、柬埔寨、泰国、缅甸、马来西亚、新加坡、印度尼西亚、文莱、菲律宾和东帝汶11国。中国和东南亚"山水相连,血脉相通",是"一带一路"文化相融的核心区域。

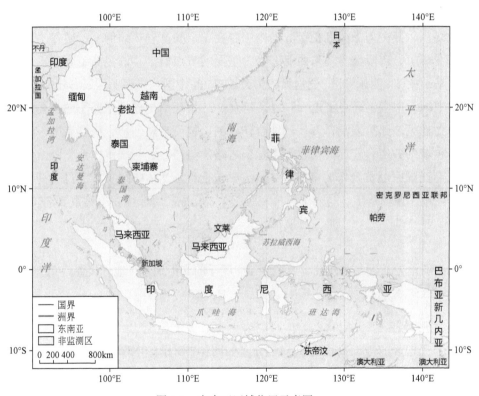

图 1-1 东南亚区域位置示意图

1.1 区 位 特 征

1.1.1 东南亚是"一带一路"的先行区和关键枢纽

东南亚是"一带一路"的重要投资贸易区域,是中国发展"21世纪海上丝绸之路"合作伙伴关系的重要区域和关键枢纽。大湄公河次区域经济合作加强了各成员国间的经济联系，促进了次区域的经济和社会发展。目前中国是东盟第一大贸易伙伴，东盟是中国第三大贸易伙伴。随着中国－东盟"10+1"自由贸易区的建设、东盟各国的双多边合作机制和平台对接、亚洲基础设施投资银行（简称亚投行）投资日益加大、丝路基金的顺利启动，中国与东南亚的地缘合作在"一带一路"倡议下将不断加深。未来中国和东盟围绕政策沟通、设施联通、贸易畅通、资金融通、民心相通，将持续推进基础设施、自贸区升级版、海洋经济、人文交流、安全反恐等多方面合作，展现出"一带一路"倡议的广阔前景。

1.1.2 "中国－中南半岛经济走廊"是"一带一路"的重要廊道

"一带一路"倡议在东南亚将重点建设"中国－中南半岛经济走廊"，以中国的南宁和昆明为起点，纵贯中南半岛的越南、老挝、柬埔寨、泰国和马来西亚等国家，以新加坡为终点，其中万象（老挝）、河内（越南）、曼德勒（缅甸）、曼谷（泰国）、金边（柬埔寨）、吉隆坡（马来西亚）等为重要的节点城市。该经济走廊以"泛亚铁路"等交通基础设施、能源管道、通信设施为突破口，是中国与东南亚国家海陆统筹的大动脉。

"中国－中南半岛经济走廊"也是建设"21世纪海上丝绸之路"的重要组成部分。围绕海上丝绸之路重要港口开展产业合作、港口物流金融创新、跨境旅游、海洋资源和人文等领域的务实合作，将构建海上丝绸之路优势产业群、城镇体系、口岸体系，是中国与东南亚国家经贸合作的重要载体，主要包括雅加达（印尼）、关丹（马来西亚）、西哈努克市（柬埔寨）、马六甲（马来西亚）、马尼拉（菲律宾）等重要港口城市。

1.2 自然环境特征

东南亚地处亚洲与大洋洲、太平洋与印度洋的交汇地带，地理位置为92°～140° E，10° S～28.5° N。

1.2.1 地形地貌

东南亚地区的地面高程（DEM）分布如图1-2所示。中南半岛地势北高南低，北端与中国的青藏高原与云贵高原相连，多山地和高原，海拔高达3000m以上；南部为平原三角洲，地势较为平坦，平均海拔约为100m。马来群岛多数岛屿地势崎岖，是全球最易遭到自然灾害的地区之一，洪涝、台风、地震、泥石流等自然灾害对区域经济建设构成一定的威胁。

1.2.2 气候

东南亚气候类型以热带季风气候、热带干湿季气候和热带雨林气候为主（图1-3）。热带季风气候和热带干湿季气候主要分布于中南半岛，分旱季和雨季，年降水量

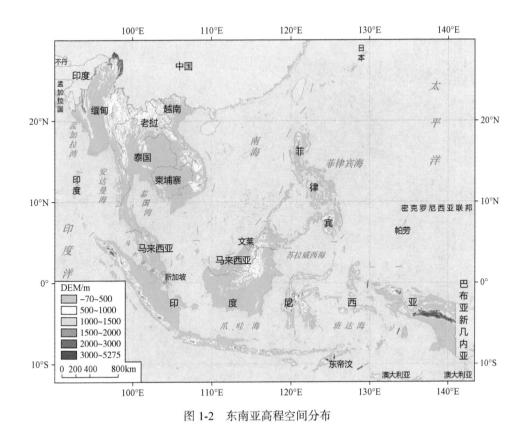

图 1-2　东南亚高程空间分布

1500mm 以上。热带雨林气候主要分布于马来群岛，高温多雨，年降水量达 2000mm 以上，年蒸散量达 1000mm 以上。东南亚地区处于低纬度地区，太阳辐射总体呈现出由东北向西南逐渐增加的趋势，年均太阳辐射为 100W/m² 左右，最高值与最低值相差大约 20W/m²，极高值分布在中南半岛纬度较低且海拔较高的缅甸、泰国等地区。

1.2.3　水文

东南亚中南半岛的河流多发源于中国西南地区，水资源丰富，河流下游河道变宽，形成广阔的冲积平原和三角洲，形成东南亚重要的农业区。东南亚的河流主要有湄公河、伊洛瓦底江、萨尔温江、湄南河和红河（图 1-4）。湄公河是连接中国和东南亚地区的重要国际河流，也是东南亚最长的河流，总长约 4908km，流域总面积 81.1 万 km²，年径流量 4750 亿 m³；伊洛瓦底江是缅甸最大的河流，全长 2741km，流域面积 41 万 km²；萨尔温江在东南亚境内长约 1660km，穿越缅甸和泰国境内，流域面积 20.5 万 km²；湄南河位于泰国境内，向南注入曼谷湾，全长 1352km，流域面积 17 万 km²；红河是越南北部的主要河流，越南境内长约 508km，全年径流量不稳定，流域面积约 7.5 万 km²。

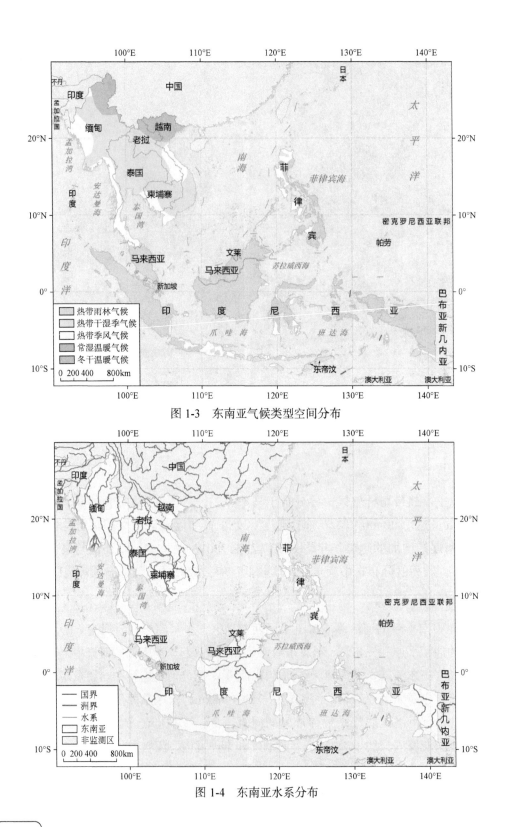

图1-3 东南亚气候类型空间分布

图1-4 东南亚水系分布

1.2.4　植被

东南亚地区生态类型多样、生物多样性丰富，森林资源和农业资源丰富，生态环境具有区域分异特征。东南亚森林以热带雨林居多，其固碳能力强，对全球碳汇贡献高。热带雨林主要分布在马来半岛南部和马来群岛大部分区域，热带季风雨林则主要分布在中南半岛和菲律宾群岛北部，热带雨林区的植被覆盖度普遍高于90%。

1.3　社会经济发展现状

1.3.1　人口、民族与宗教简况

东南亚是人口高度集聚的地域之一，2014年总人口约6.24亿。其中印度尼西亚国土面积190万km^2，人口2.5亿，是东南亚面积最大、人口最多的国家，也是世界人口第四大国。东南亚人口5000万以上的国家还包括菲律宾、越南、泰国和缅甸，其中菲律宾人口已接近1.0亿。印度尼西亚、菲律宾、越南、马来西亚是人口增长最快的国家。人口密度最大的国家是新加坡，达8170人/km^2。老挝是东南亚地区人口密度最低的国家，仅48人/km^2（表1-1、图1-5）。

表1-1　2014年东南亚国家人口经济概况（数据来源：世界银行）

国　家	人口/万人	GDP（现价美元，亿美元）	首　都
新加坡	546.97	3078.72	新加坡
文莱	41.74	172.57	斯里巴加湾
泰国	6772.6	3738.04	曼谷
马来西亚	2990.2	3269.33	吉隆坡
印度尼西亚	25445.48	8885.38	雅加达
菲律宾	9913.87	2845.82	马尼拉
越南	9073	1862.05	河内
柬埔寨	1532.81	167.09	金边
老挝	668.93	117.72	万象
缅甸	5343.72	643.3	内比都
东帝汶	109.3	15.52	帝力
总计	62438.62	24795.54	—

东南亚各国民族众多，长期受印度文化、阿拉伯文化、中国文化和欧美文化等共同影响，形成了多元化的文化体系。其中缅甸、老挝、泰国、柬埔寨、越南以佛教为主，印度尼西亚、马来西亚和文莱以伊斯兰教为主，菲律宾和东帝汶以天主教为主。

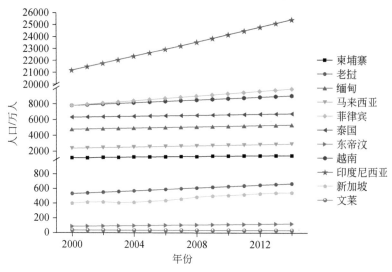

图 1-5　2000～2014 年东南亚各国人口变化曲线

1.3.2　社会经济状况

1. 主要优势资源

东南亚拥有丰富的自然资源和人力资源，是当今世界经济发展最有活力和潜力的地区之一。农作物和热带经济作物主要包括水稻、油棕、椰子、蕉麻、柚木和橡胶等，其中水稻是东南亚的主要粮食作物，是世界最大的水稻出口地区；矿产资源主要包括石油、天然气、锡和铜等。东南亚作为中国进出口的重要合作伙伴，可通过互联互通建设共同进入国际市场，达到互利共赢的新局面。

2. 经济发展状况

据世界银行数据统计，2000～2014 年东南亚各国国内生产总值（GDP）（图 1-6）逐年上涨，经济水平不断提高，但在 2009 年出现波动，个别国家 GDP 出现小幅下滑，2010 年后又保持持续增长的势头。2014 年，印度尼西亚 GDP 总值在东南亚地区遥遥领先，但人均 GDP 仅为 3491 美元 / 人，处于中等水平；泰国 GDP 总值仅次于印度尼西亚；马来西亚和新加坡的 GDP 分别位居东南亚地区的第三、第四名。新加坡人均 GDP 位居第一，高达 56286 美元 / 人；文莱人均 GDP 仅次于新加坡，为 41344 美元 / 人；柬埔寨人均 GDP 在东南亚地区最低，仅为 1090 美元 / 人。

3. 与中国贸易状况

2003～2014 年，中国与东盟的双边贸易额逐年增长，贸易额大约增长了 6 倍，2014 年达到 4804 亿美元。中国与马来西亚的进出口贸易总额居首，其次为越南和新加坡。

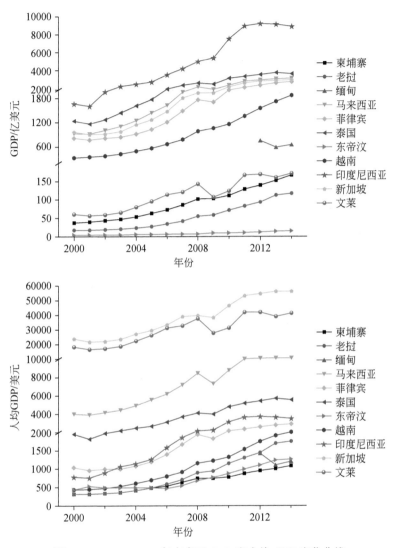

图 1-6 2000～2014 年东南亚 GDP 和人均 GDP 变化曲线

马来西亚是中国在东南亚最大的进口国,越南是中国在东南亚最大的出口国(图 1-7)(国家统计局,中国统计年鉴)。2015 年 12 月 31 日正式成立的以经济、政治安全和社会文化为三大支柱的东盟共同体,是世界第七大经济体,将进一步加强其在世界经济中的地位,促进东南亚地区各国经济的发展。

1.3.3 城市发展状况

城市夜间灯光数据可以直接反映一个城市的繁华程度,灯光指数值越高代表城市的繁华程度越高,灯光指数变化速率越大说明城市发展越快。东南亚区域规模较大的城市

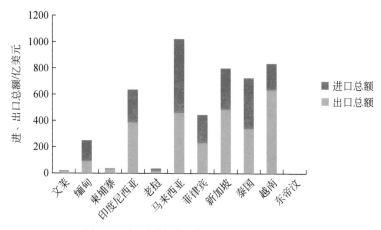

图 1-7 中国同东南亚各国进出口贸易总额

主要分布在泰国、越南、马来西亚和印度尼西亚（图 1-8）。东南亚发展速度较快的城市主要聚集在曼谷、胡志明市、河内、吉隆坡、雅加达、马尼拉等人口密集的大中型城市，并以这些城市为核心向周围辐射，其周边地区灯光指数变化速率较快。泰国是东南亚地区灯光指数增长速率最快、范围最广的国家。

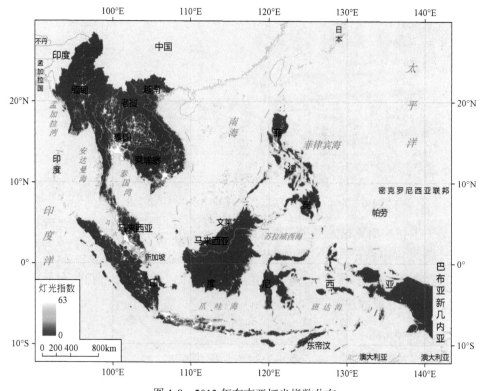

图 1-8 2013 年东南亚灯光指数分布

1.4 小 结

东南亚是"一带一路"的先行区和关键枢纽,"中国 – 中南半岛经济走廊"是"一带一路"重要经济走廊之一,中国与东南亚合作具有广阔前景。

中南半岛地势北高南低,北端多山地和高原,南部为平原三角洲,地势平坦;马来群岛多数岛屿地势崎岖。东南亚是全球最易遭受自然灾害的地区之一,"一带一路"基础设施建设过程中要积极规避自然灾害风险。东南亚中南半岛气候类型以热带季风气候和热带雨林气候为主,分别主要分布于中南半岛和马来群岛。东南亚河流多发源于中国西南地区,水资源丰富,主要包括湄公河、伊洛瓦底江、萨尔温江、湄南河和红河。东南亚地区生态类型多样、生物多样性丰富,森林资源和农业资源丰富,森林以热带雨林和热带季风雨林居多,固碳能力强,对全球碳汇贡献高。

东南亚拥有丰富的自然资源和人力资源,是当今世界经济发展最有活力和潜力的地区之一。2000 ~ 2014 年东南亚各国 GDP 逐年上涨,经济水平不断提高。2014 年,印度尼西亚 GDP 总值居首;新加坡人均 GDP 位居第一,高达 56286 美元 / 人,柬埔寨人均 GDP 最低,仅为 1090 美元 / 人。2014 年中国与马来西亚的进出口贸易总额居首,马来西亚是中国在东南亚最大的进口国,越南是中国在东南亚最大的出口国。

第2章　主要生态资源分布与生态环境限制

东南亚地区生态类型多样、森林资源丰富、保护区分布广泛，具有良好的自然生态环境系统。该区域也是全球最易遭受自然灾害的地区之一，洪涝、台风、地震、火山爆发等自然灾害对"一带一路"的建设构成了潜在的威胁。本章将从区域土地覆盖和土地利用状况、光温水气候条件出发，对区域内主要生态资源分布和生态系统状况进行分析，并对该区域存在的主要生态环境限制因素展开分析。针对区域内的限制因素和保护需求，在开发建设过程中要因地制宜，趋利避害，通过遥感监测为"一带一路"基础设施建设提供可靠的决策依据。

2.1　土地覆盖与土地开发状况

2.1.1　土地覆盖

1. 森林和农田是东南亚地区主要的土地覆盖类型

从2014年东南亚地区土地覆盖类型（俞乐和宫鹏，2016）来看（图2-1），森林覆盖面积最大、分布最广，达355.96万km²，占总面积的66.41%，主要分布在印度尼西亚、马来西亚、缅甸、老挝和越南等国家；农田面积为130.44万km²，占24.6%，主要分布在中南半岛三角洲地区，包括泰国、缅甸中部、越南南部、柬埔寨以及印度尼西亚；草地总面积为28.66万km²，占5.35%，零散分布于越南、印度尼西亚、缅甸等国家；灌丛更为稀少，占比仅为0.91%。水体占比1.54%，主要包括湄公河、伊洛瓦底江、萨尔温江、红河等河流及湖泊，其中洞里萨湖是东南亚最大的淡水湖泊，是湄公河的天然蓄水池。人造地表占比为1.03%，集中分布于沿海地区，包括吉隆坡、雅加达、曼谷、新加坡、胡志明市等大型城市。东南亚地区的裸地较少，占比仅为0.15%；受地形和气候的影响，冰雪仅在缅甸北部与中国云南接壤的青藏高原地区有少许覆盖，占比仅为0.01%（图2-2）。

东南亚各国之间土地覆盖结构差异显著（图2-3、表2-1）。除泰国和新加坡外，其他各国的主要覆盖类型以森林为主。泰国以农田为主，农田占其国土面积的58.95%；新加坡国土面积较小，主要土地覆盖类型为人造地表，占比高达50.32%。印度尼西亚的国

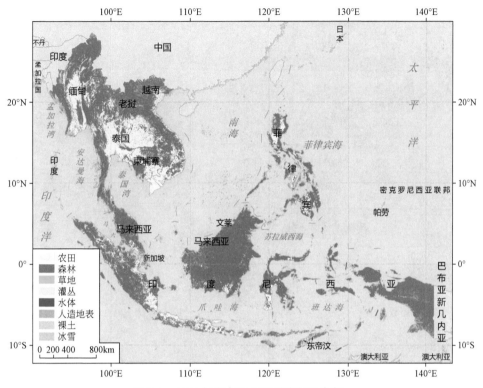

图 2-1　2014 年东南亚土地覆盖类型分布

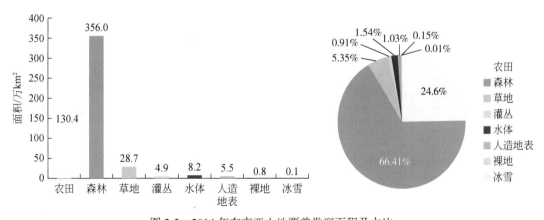

图 2-2　2014 年东南亚土地覆盖类型面积及占比

土面积最大，主要土地覆盖类型是森林和农田，占比分别为 79.46% 和 14.83%，其森林面积居东南亚首位，农田面积仅次于泰国。越南和东帝汶草地占比相对较大，其中越南草地占比为 30.19%。

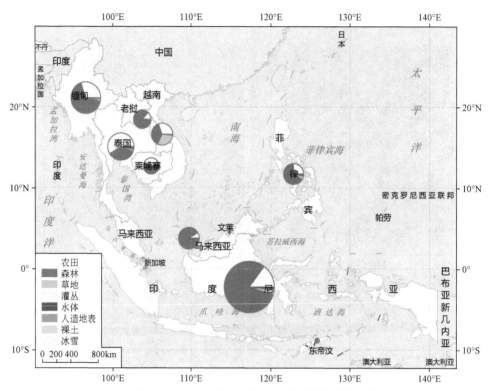

图 2-3　2014 年东南亚各国土地覆盖构成分布 *

＊图中直径代表国土面积

表 2-1　2014 年东南亚各国土地覆盖类型占地面积和人均面积

国家	面积 / 万 km²							
	农田	森林	草地	灌丛	水体	人造地表	裸地	冰雪
印度尼西亚	32.746	175.463	6.360	0.198	3.987	1.994	0.076	#
缅甸	22.964	50.932	1.644	1.062	0.646	0.565	0.086	0.037
泰国	35.484	20.921	1.625	0.732	0.748	0.647	0.038	#
越南	16.108	19.651	16.108	0.162	0.526	0.764	0.035	#
马来西亚	3.281	33.627	0.525	0.008	0.412	0.685	0.021	#
菲律宾	8.805	22.676	1.899	0.057	0.751	0.362	0.019	#
老挝	3.435	22.423	0.654	0.195	0.137	0.018	0.006	#
柬埔寨	9.267	10.662	0.437	0.165	0.528	0.139	0.006	#
东帝汶	0.324	0.965	0.392	0.014	0.028	0.002	0.003	#
文莱	0.009	0.624	0.009	0.00005	0.006	0.038	0.001	#
新加坡	0.012	0.016	0.003	0.00002	0.003	0.035	0.001	#

续表

国家	人均面积 /（km²/ 万人）							
	农田	森林	草地	灌丛	水体	人造地表	裸地	冰雪
印度尼西亚	12.87	68.96	2.50	0.08	1.57	0.78	0.03	#
缅甸	42.97	95.31	3.08	1.99	1.21	1.06	0.16	0.07
泰国	52.39	30.89	2.40	1.08	1.10	0.95	0.06	#
越南	17.75	21.66	17.75	0.18	0.58	0.84	0.04	#
马来西亚	10.97	112.46	1.76	0.03	1.38	2.29	0.07	#
菲律宾	8.88	22.87	1.92	0.06	0.76	0.37	0.02	#
老挝	51.35	335.20	9.77	2.91	2.05	0.27	0.09	#
柬埔寨	60.46	69.56	2.85	1.08	3.45	0.91	0.04	#
东帝汶	29.64	88.25	35.91	1.29	2.59	0.23	0.03	#
文莱	2.08	149.60	2.11	0.01	1.56	9.12	0.26	#
新加坡	0.21	0.29	0.06	0.00	0.06	0.64	0.01	#

2. 东南亚各国土地覆盖类型人均水平差异较大

柬埔寨人均农田面积居东南亚各国之首，高达 60.46km²/ 万人。泰国是农业大国，农田总面积居东南亚之首，人均农田面积为 52.39km²/ 万人。森林的人均占有量以老挝为首，高达 335.20km²/ 万人，其次为文莱，达 149.60km²/ 万人。草地的人均占有量以东帝汶和越南为多，分别为 35.91km²/ 万人和 17.75km²/ 万人。各国灌丛人均占有量均较少，在 3km²/ 万人以下。人均人造地表面积文莱最大，为 9.12km²/ 万人，东帝汶和老挝的人均人造地表面积非常低，分别只有 0.23km²/ 万人和 0.27km²/ 万人（表 2-1）。

2.1.2 土地开发强度

采用土地开发强度指数分析东南亚地区土地开发强度及影响土地利用程度的自然环境和人为因素（庄大方和刘纪远，1997）。东南亚土地开发强度指数平均值为 0.42，开发状况处于中等水平。该区域开发强度指数为 0.2 ～ 0.4 的区域面积较大，占比高达 64.28%，介于 0 ～ 0.2 和 0.8 ～ 1.0 之间的开发区域几乎没有。开发程度高值区主要分布中南半岛的中部和南部，以农业和城市开发为主，其中泰国土地利用程度最高，其次为越南和缅甸；开发强度低值区大多位于森林分布区或海拔较高的地区。马来群岛中东部和中南半岛北部海拔较高且植被盖度较大，土地开发强度指数低（图 2-4、表 2-2）。中南半岛土地开发强度明显高于马来群岛，主要为垦殖性利用和建设性开发。

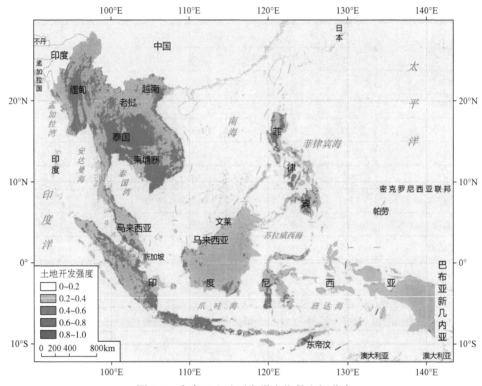

图 2-4　东南亚土地开发强度指数空间分布

表 2-2　东南亚不同土地开发强度等级统计

土地开发强度指数范围	0 ~ 0.2	0.2 ~ 0.4	0.4 ~ 0.6	0.6 ~ 0.8	0.8 ~ 1.0	总平均值
占比 /%	0.00	64.28	19.81	15.75	0.15	0.42

2.2　气候资源分布

2.2.1　光合有效辐射

利用光合有效辐射年累积值遥感产品（Li et al.，2015；张海龙等，2017）分析东南亚区域光照条件分布状况，光合有效辐射总体上呈现由东北向西南逐渐增加的趋势。2014 年年总光合有效辐射为 2800 ~ 3500MJ/m²。年总光合有效辐射在 2800MJ/m² 以下的区域主要在缅甸北部、越南中部和北部地区以及印度尼西亚东部群岛的中部地区，缅甸和越南的北部地区是由于纬度较高所致，印度尼西亚东部群岛则是由于受海洋影响，被云层覆盖所致。年总光合有效辐射在 3500MJ/m² 以上的区域主要分布在中南半岛的缅甸、泰国中部区域，是由于海拔较高所致。缅甸、泰国、柬埔寨、印度尼西亚和东帝汶的光合有效辐射相比其他国家要高，越南和菲律宾的光合有效辐射较低（图 2-5）。总体来看，东南亚光合有效辐射高值集中于中南半岛，自西向东依次降低。

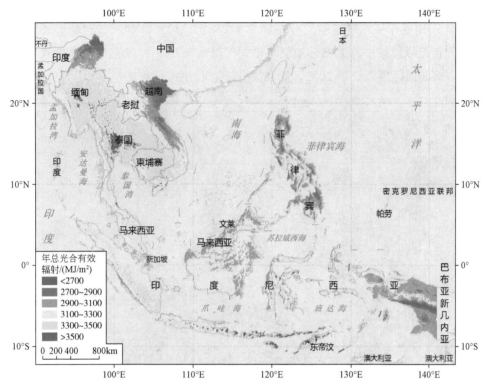

图 2-5　2014 年东南亚光合有效辐射分布

从东南亚各国年总光合有效辐射图（图 2-6）可以看出：各国的年总光合有效辐射为 $3000 \sim 3400 MJ/m^2$，其中，年总光合有效辐射最高的是东帝汶，为 $3400 MJ/m^2$，最低的

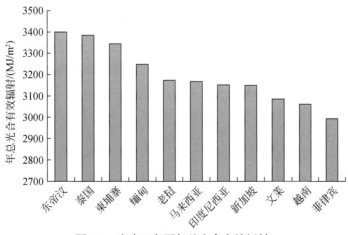

图 2-6　东南亚各国年总光合有效辐射

是菲律宾,为 3000MJ/m²,两者的光合有效辐射差为 400MJ/m²。东帝汶、泰国、柬埔寨、缅甸、老挝、马来西亚、印度尼西亚和新加坡的年总光合有效辐射较高,都在 3100MJ/m² 以上,而文莱、越南和菲律宾相对较低,都在 2800 ~ 3100MJ/m² 以下。

2014 年东南亚年平均气温空间分布如图 2-7 所示,位于热带和亚热带地区的东南亚气温空间分布差异性较小,大部分地区年平均气温高于 23℃,仅在中南半岛北部和印度尼西亚东南部高山区气温低于 20℃,局部气温随地形升高而降至 16℃ 以下。

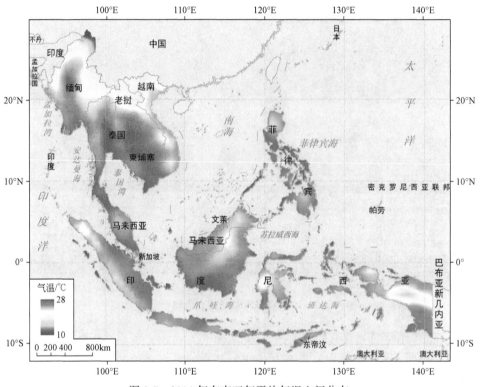

图 2-7　2014 年东南亚年平均气温空间分布

2.2.2　区域水分分布格局

1. 东南亚降水丰沛,中南半岛干湿季差异明显

2014 年东南亚降水量(Lu et al.,2016)空间分布如图 2-8 所示,位于热带雨林气候区的马来群岛和马来半岛,包括文莱、马来西亚、印度尼西亚、菲律宾和新加坡,以及中南半岛西海岸的缅甸西部、南部和北部地区降水量高达 2500mm 以上。中南半岛主要处于热带季风气候和热带干湿季气候区,降水量明显低于马来群岛,其中泰国中部降水量最低,降水量小于 1500mm,但仍明显高于全球陆地平均降水量(756mm)。

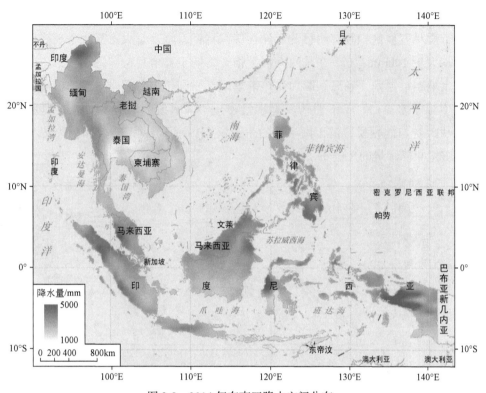

图 2-8　2014 年东南亚降水空间分布

2014 年东南亚各国的降水量按国家统计分析如图 2-9 所示，由于气候差异的影响，中南半岛五国及东帝汶的降水量低于马来群岛和马来半岛五国，其中东帝汶的降水量为区域最低值（1624mm），菲律宾、马来西亚和文莱的降水量高达 3000mm 以上。文莱由于国土面积较小，其国境范围内的平均降水量高达 3660mm。

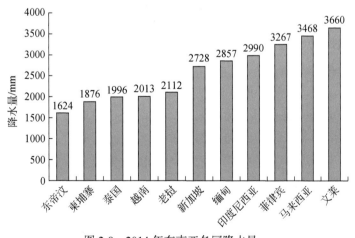

图 2-9　2014 年东南亚各国降水量

马来群岛和马来半岛的新加坡、菲律宾、印度尼西亚、马来西亚和文莱位于赤道附近的热带雨林气候区，具有明显的海洋性气候特征，降水量大，降水季节变化小，各月降水量均大于100mm，6～9月的降水量相对略低于其他月份（图2-10）。中南半岛的泰国、柬埔寨、越南、老挝和缅甸受热带季风气候和热带干湿季气候的影响，降水存在明显的干湿季差异，5～10月雨季降水量占全年降水量的70%～80%，其中缅甸该指标高达90%。与此相反，位于南半球的东帝汶在热带干湿季气候影响下，6～9月旱季降水量占全年降水量的比例不足10%。

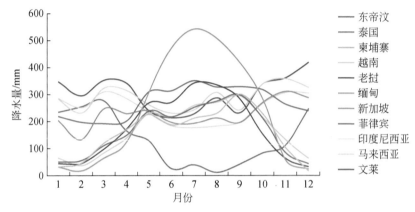

图2-10　2014年东南亚各国降水量季节变化

2. 东南亚地表实际蒸散强烈，时空分布差异性低于降水

2014年东南亚蒸散量（Cui and Jia，2014；Hu and Jia，2015；Zheng et al.，2016）空间分布如图2-11所示，位于热带雨林气候区的马来群岛和马来半岛广泛发育热带雨林和热带季雨林，并且冠层郁闭度较高，地表蒸散发活动强烈，蒸散量高达1000mm以上。中南半岛主要处于热带季风气候和热带干湿季气候区，由于降水和植被覆盖状况导致蒸散量略低于马来群岛，其中缅甸中部蒸散量少于700mm，明显低于中南半岛其他地区，但仍高于全球陆地平均蒸散量（493mm）。

2014年东南亚各国的蒸散量按国家统计分析如图2-12所示，东南亚各国之间的蒸散量差异较小，其中泰国和柬埔寨2014年的蒸散量接近1000mm。新加坡主要为城市，除了建设用地和绿化用地之外，在部分丘陵地区分布有热带雨林，蒸散量在东南亚各国中为最低值。缅甸中部分布有较大面积的耕地并且存在明显的干湿季气候差异，由于干季时土地摞荒导致其地表植被覆盖度较低，蒸散量在东南亚各国中仅略高于新加坡。

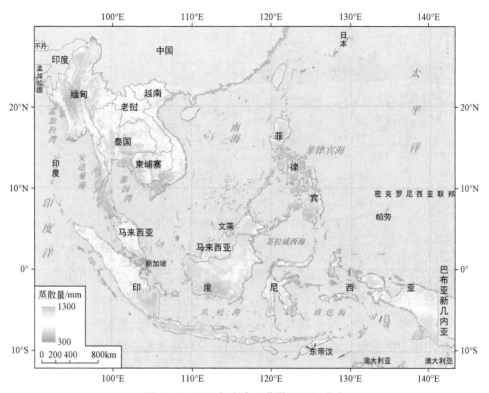

图 2-11　2014 年东南亚蒸散量空间分布

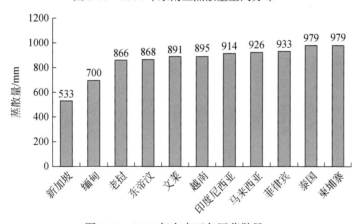

图 2-12　2014 年东南亚各国蒸散量

　　东南亚各国的蒸散量季节变化特征在不同的气候背景下具有明显的分异性（图 2-13），马来群岛和马来半岛五国在热带雨林气候影响下蒸散量全年变化平缓，而中南半岛五国和东帝汶在热带干湿季气候影响下蒸散量存在明显的季节变化特征，雨季蒸散量明显高于旱季，其中中南半岛五国的蒸散量在 5 ～ 6 月达到最高峰值，而位于南半球的东帝汶在 1 ～ 3 月达到峰值。

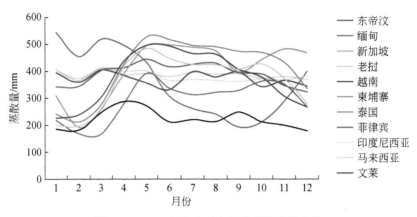

图 2-13　2014 年东南亚各国蒸散量季节变化

3. 东南亚水分盈余充足，时空分布特征与降水一致

2014 年东南亚水分盈亏（降水量与蒸散量之间的差值）空间分布如图 2-14 所示，仅在泰国中部部分地区存在微弱亏缺现象，大部分地区水分盈余充足。水分盈亏与降水的空间分布特征较为一致，马来群岛和马来半岛水分盈余高于中南半岛（图 2-15）。其中，文莱平均单位面积水分盈余最多（2770mm），东帝汶水分盈余为东南亚各国中最低

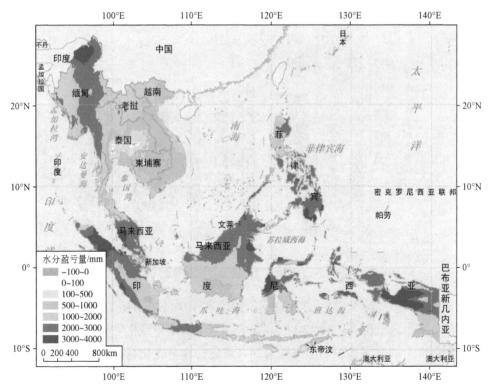

图 2-14　2014 年东南亚水分盈亏量空间分布

（760mm），但仍明显高于全球陆地平均水分盈余量（263mm）。

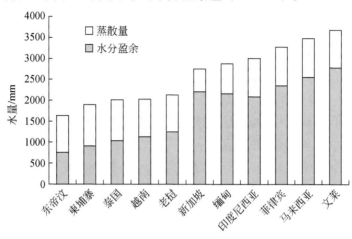

图 2-15　2014 年东南亚各国水分盈余量

东南亚各国的水分盈亏季节变化特征与降水较为一致，在不同的气候背景下具有明显的分异性（图 2-16）。马来群岛和马来半岛五国在热带雨林气候影响下水分盈余全年变化平缓，各月水分盈余 100mm 以上。中南半岛五国和东帝汶在热带干湿季气候影响下水分盈亏存在明显的季节变化特征，雨季盈余，旱季存在部分亏缺现象，农业开发活动需要一定的灌溉条件支持。

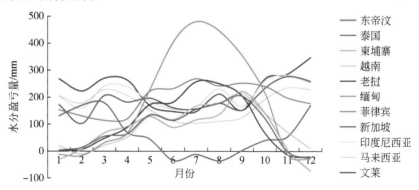

图 2-16　2014 年东南亚各国水分盈亏量季节变化

2.3　主要生态资源分布

2.3.1　农田生态系统

1. 中南半岛是世界水稻主产区之一

东南亚地区光照、水热条件优越，有利于作物生长。依据 2014 年东南亚土地覆盖类型分类结果，东南亚地区农田总面积为 130.44 万 km²，占东南亚区域总面积的 24.60%，人均农田面积 2089.36m²，人均粮食年产量 390kg。区域内农田主要分布在中南半岛的缅甸中部、泰国、越南和柬埔寨的南部、菲律宾以及印度尼西亚南部岛屿上，泰国、越南和缅甸是世界重要稻米出口国。

2. 农作物种植模式多样

利用 2014 年 5km 农作物复种指数数据，分析东南亚地区农作物种植空间分布特征（图 2-17）。缅甸中部和泰国东部地区以一年一熟的种植模式为主；缅甸南部、泰国中南部、越南北部和马来群岛农作物为一年两熟的种植模式；越南南部和马来群岛部分地区农作物为一年三熟的种植模式。

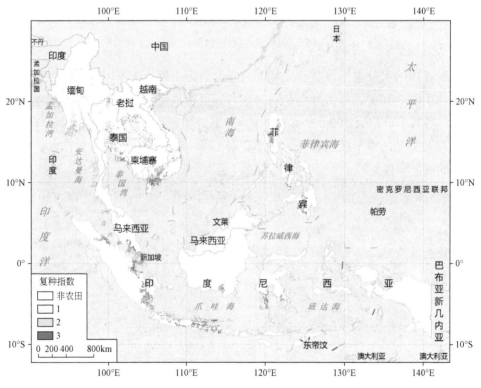

图 2-17　2014 年东南亚农作物复种指数空间分布

东南亚各国农作物不同复种指数占比差异较大（表 2-3）。柬埔寨、缅甸和泰国农作物一年一熟制所占比例分别为 63.49%、66.06% 和 51.20%；老挝、越南、印度尼西亚和菲律宾等国的一年两熟作物面积较大，所占比例分别为 56.76%、60.45%、53.67% 和 52.35%；而马来西亚一年三熟的农作物面积较大，达到 56.25%。

表 2-3　2014 年东南亚主要粮食生产国不同农作物复种指数占比 * （单位 /%）

复种指数 ＼ 国家	老挝	柬埔寨	缅甸	泰国	越南	印度尼西亚	马来西亚	菲律宾
1	31.35	63.49	66.06	51.20	18.02	10.43	5.51	14.85
2	56.76	31.84	30.78	42.70	60.45	53.67	38.24	52.35
3	11.89	4.67	3.15	6.11	21.52	35.89	56.25	32.80

* 新加坡、文莱和东帝汶农田面积过小，不进行统计。

3. 东南亚主要粮食生产国的玉米和水稻作物种植面积增加，水稻产量增加，玉米产量下降

东南亚地区主要粮食作物为玉米和水稻，利用 2014 年主要作物产量和种植面积变幅统计数据（表 2-4），分析主要粮食生产国的玉米和水稻作物产量和变化特征。印度尼西亚是东南亚地区最大的粮食生产国，粮食总产量 8764 万 t，其中玉米总产量 1836 万 t，占总产量的 21%，水稻总产量 6928 万 t，占总产量的 79%；而玉米和水稻作物的种植面积较 2013 年分别减少 0.2% 和 1.0%，粮食产量分别减少 0.8% 和 2.8%。泰国、越南和缅甸是世界重要稻米出口国，三个国家的粮食总产量 12176 万 t，其中水稻总产量 11159 万 t，占总产量的 92%，玉米总产量 1017 万 t，占总产量的 8%；越南玉米和水稻种植面积比 2013 年都降低 1.6%，粮食产量分别降低 1.9% 和 0.2%；泰国和缅甸水稻种植面积分别增加 0.2% 和 0.5%，粮食产量分别增加 0.9% 和 1.7%。菲律宾境内的玉米和水稻作物种植面积分别增加 1.8% 和 3.3%，产量分别提高 1.8% 和 5%，年粮食总产量达到 2687 万 t。总体而言，2014 年东南亚主要粮食生产国的玉米和水稻作物种植面积较 2013 年增加，水稻产量增加，但玉米产量下降。

表 2-4　2014 年东南亚主要粮食生产国主要作物产量和种植面积变幅

国家	玉米			水稻		
	种植面积变幅 /%	产量 / 万 t	产量变幅 /%	种植面积变幅 /%	产量 / 万 t	产量变幅 /%
泰国	-0.4	508	0.3	0.2	3914	0.9
越南	-1.6	509	-1.9	-1.6	4399	-0.2
缅甸	0.7	#	#	0.5	2846	1.7
柬埔寨	9.0	#	#	-0.3	947	1.4
菲律宾	1.8	751	1.8	3.3	1936	5.0
印度尼西亚	-0.2	1836	-0.8	-1.0	6928	-2.8

注：“#”表示无数据或者数据远小于 0.1 万 t。

2.3.2 森林生态系统

1.东南亚地区以热带雨林和热带季雨林为主、森林资源丰富

东南亚地区纬度较低、终年炎热、雨量充沛,具有丰富的森林资源。结合全球生态区化分布图,东南亚森林类型主要有热带雨林、热带季雨林和热带旱生林等,且林种以常绿阔叶树种为主,其中热带雨林分布在中南半岛南部和马来群岛,热带季雨林分布在中南半岛北部和中东部,热带旱生林分布在中南半岛中部地区。东南亚地区森林总面积为 355.96 万 km^2,占东南亚地区总面积的 66.41%,人均森林面积 5701.92m^2。

2.东南亚森林地上生物量总量高,印度尼西亚等区域占比大

利用 2014 年 1km 森林地上生物量遥感产品(刘清旺和胡凯龙,2016)分析东南亚地区森林地上生物量空间分布特征(图 2-18)。东南亚森林地上生物量总量约 279.78 亿 t,高值区主要分布在缅甸北部和老挝,达到 200t/hm^2;印度尼西亚和马来西亚森林面积大,森林地上生物量普遍介于 100 ~ 140t/hm^2。

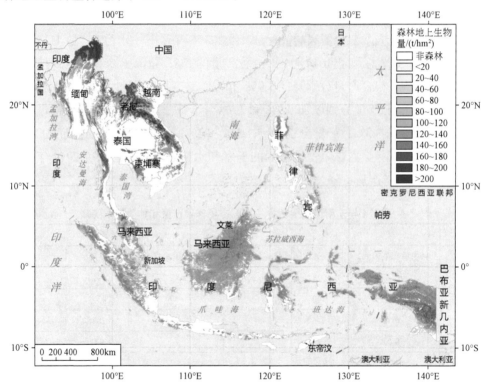

图 2-18　2014 年东南亚森林地上生物量空间分布

分析东南亚各国森林地上生物量估测结果(表 2-5),印度尼西亚是东南亚森林地上生物量最大的国家,占区域总量的 57.42%;其次为缅甸、马来西亚和老挝,分别占区域总量的 12.31%、11.04% 和 6.73%；文莱、东帝汶和新加坡森林地上生物量值过低，不予以统计。

表 2-5　2014 年东南亚各国森林地上生物量估测统计

国家	地上生物量 /（亿 t/hm²）	占区域比例 /%
老挝	18.82	6.73
柬埔寨	5.05	1.80
缅甸	34.44	12.31
泰国	8.89	3.18
越南	9.68	3.46
印度尼西亚	160.65	57.42
马来西亚	30.89	11.04
菲律宾	11.36	4.06

3. 东南亚地区森林年最大 LAI 值整体较高，空间差异不明显

利用 1km 遥感植被叶面积指数（LAI）产品（李静，2015；Yin et al., 2015a, 2015b；Yin et al., 2016；Zeng et al., 2015, 2016；Xu et al., 2016）分析 2014 年东南亚地区森林年最大 LAI 空间分布特征（图 2-19）。东南亚地区森林年最大 LAI 空间分布差

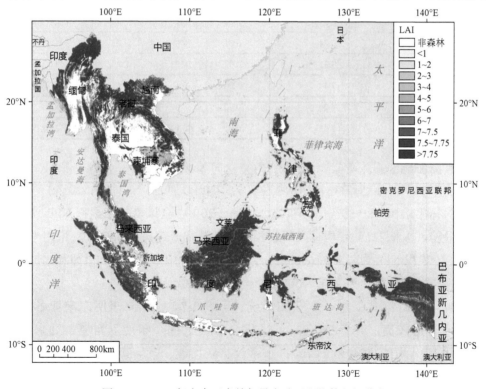

图 2-19　2014 年东南亚森林年最大叶面积指数空间分布

异不明显，全区域年最大LAI值整体较高。受人类影响较小的雨林地区，其年最大LAI普遍高于7；缅甸中部、柬埔寨东部等地区受人类活动影响较大的森林地区，年最大LAI值低于3。

　　分析东南亚各国森林年最大LAI的差异特征（表2-6），结果表明东南亚各国的年最大LAI普遍较高，区域均值达到7.03。老挝、文莱、印度尼西亚、马来西亚和菲律宾的年最大LAI大于区域均值；东帝汶、新加坡和柬埔寨三国的年最大LAI值较低，为5.20～5.85。

表2-6　东南亚各国森林年最大叶面积指数统计

国家	年最大LAI均值	不同年最大LAI级别所占比例/%				
		< 1	1～2	2～4	4～6	> 6
老挝	7.30	0.00	0.05	6.66	5.27	88.02
文莱	7.72	0.00	0.00	0.55	1.06	98.39
东帝汶	5.20	0.00	0.00	26.12	44.85	29.03
新加坡	5.85	1.39	5.56	9.72	19.44	63.89
柬埔寨	5.45	0.00	0.03	40.05	17.52	42.40
缅甸	6.88	0.03	0.21	9.54	14.47	75.75
泰国	6.35	0.00	0.18	17.70	20.03	62.09
越南	6.84	0.01	0.08	13.93	7.34	78.64
印度尼西亚	7.31	0.02	0.23	4.67	3.21	91.88
马来西亚	7.49	0.00	0.10	3.81	1.88	94.21
菲律宾	7.04	0.00	0.02	10.87	5.98	83.12
全区域均值	7.03	0.01	0.17	8.54	7.13	84.15

　　4. 东南亚地区森林年累积NPP较高，空间差异不明显

　　基于2014年1km遥感植被净初级生产力（NPP）产品（高帅等，2015），分析东南亚地区森林年累积NPP的空间分布特征（图2-20）。全区森林年累积NPP较高，空间差异不明显。马来群岛热带雨林大部分区域年累积NPP超过500gC/m²；中南半岛大部分森林地区年累积NPP为400～600gC/m²，缅甸北部和中部、越南和柬埔寨北部地区森林年累积NPP相对较低，为200～300gC/m²。

　　分析东南亚各国森林年累积NPP统计（表2-7），结果表明东南亚各国年累积NPP均值普遍较高，介于352.92～542.94gC/m²之间。印度尼西亚、马来西亚和文莱年累积NPP均值超过500gC/m²；东帝汶、新加坡、柬埔寨、缅甸、泰国、越南和菲律宾的年累积NPP均值低于区域平均470.46gC/m²。东南亚森林年累积NPP介于

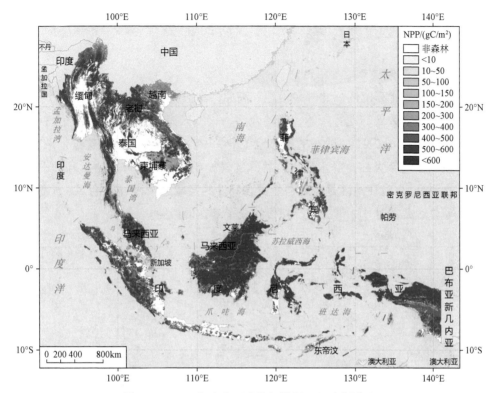

图 2-20　2014 年东南亚森林年累积 NPP 空间分布

500 ～ 600gC/m² 的面积占比最高, 达 55.47%, 小于 100gC/m² 的区域面积占比仅为 0.07%。

表 2-7　东南亚各国森林年累积 NPP 统计

国家	年累积 NPP 均值 /（gC/m²）	不同年累积 NPP 级别所占比例 /%				
		< 100gC/m²	100 ～ 300gC/m²	300 ～ 500gC/m²	500 ～ 600gC/m²	> 600gC/m²
老挝	475.45	0.01	11.70	31.48	56.61	0.20
文莱	542.94	0.00	0.94	3.23	95.73	0.10
东帝汶	387.93	0.00	23.75	51.31	16.10	8.83
新加坡	352.92	3.45	36.21	58.62	1.72	0.00
柬埔寨	379.77	0.00	50.92	12.90	32.61	3.57
缅甸	435.34	0.32	24.58	26.43	48.41	0.26
泰国	423.48	0.01	34.10	14.51	48.62	2.77
越南	393.79	0.04	23.58	53.38	22.16	0.85
印度尼西亚	500.41	0.03	7.42	24.44	62.61	5.49
马来西亚	519.24	0.01	6.07	13.33	77.26	3.33
菲律宾	435.81	0.01	20.68	40.33	38.82	0.17
全区域均值	470.56	0.07	15.37	25.80	55.47	3.29

2.4　"一带一路"开发活动的主要生态环境限制

2.4.1　自然环境限制

　　中南半岛地势北高南低，北部多山地和高原，海拔高达 3000m 以上，平均坡度 15°以上；马来群岛多数岛屿地势崎岖，山岭众多，火山区海拔高达 4000m 以上，坡度最高达 30°～40°左右（图 2-21）。险峻的地形地貌给"一带一路"基础设施建设带来巨大挑战。东南亚大多国家终年炎热，降水量大，特殊的气候条件给"一带一路"基础设施的建设带来一定的困难。东南亚地区是全球自然灾害频发的区域之一，洪涝、台风、地震、泥石流、火山爆发等自然灾害对"一带一路"建设构成了潜在的威胁。

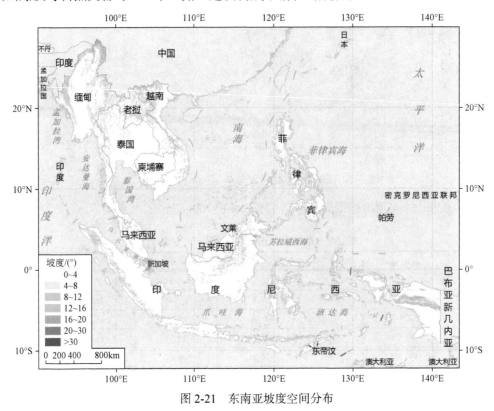

图 2-21　东南亚坡度空间分布

2.4.2　保护区需求

　　东南亚地区的保护区个数共 1853 个，总面积高达 92.2 万 km²，占整个东南亚地区总面积的 20.63%，其中国家级保护区面积为 80.34 万 km²，世界级保护区为 11.86 万 km²。国家公园占地总面积最大，达 31.53 万 km²，主要分布于中南半岛中部、印度尼西亚和马来西亚地区；生境/物种管制区的面积次之，为 23.69 万 km²，主要分布于越南、老挝、柬埔寨等地，主要保护的动物类型有大象、虎、鱼类和其他野生动物；自然保护区的面积为 23.34 万 km²，分布于东南亚各国；历史文化遗址和世界遗址主要分布在印度尼西亚、泰国、柬埔寨、越南等地，面积约为 7.24 万 km²；资源保护区的占地面积为 3.17 万 km²，主要分布在柬埔寨等地，保护的资源类型主要包括红树林等珍稀物种以及其他的功能性森林，如涵养林等；景观保护区主要分布在印度尼西亚和菲律宾等地，面积约为 3.13 万 km²（图 2-22、图 2-23）。

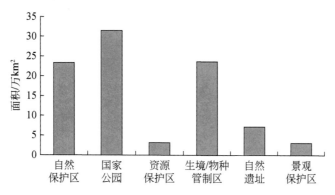

图 2-22　东南亚不同类型保护区占地面积

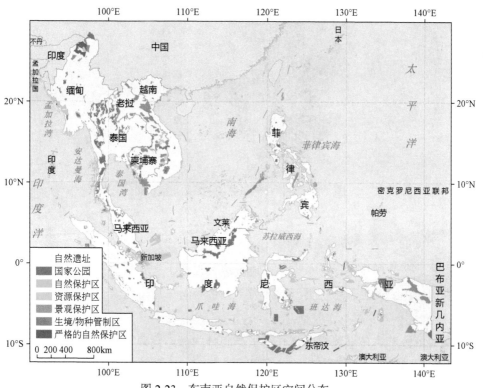

图 2-23　东南亚自然保护区空间分布

除东帝汶外,东南亚其他十个国家都设有自然保护区。印度尼西亚的自然保护区是整个东南亚自然保护区总面积的49.39%,占其国土面积的23.91%;其次是泰国和菲律宾,占比分别为12.05%和8.97%。老挝是东南亚各国自然保护区占国土面积比例最大的国家,达31.78%(图2-24、图2-25)。

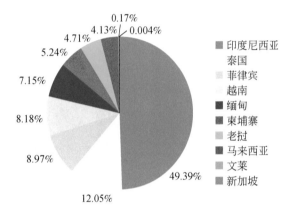

图 2-24　各国自然保护区占东南亚自然保护区总面积比例

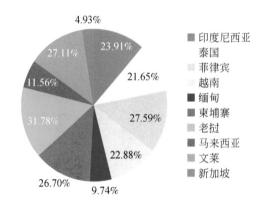

图 2-25　各国自然保护区占其国土面积比例

2.5　小　　结

东南亚地区光照充足、降水丰沛、地表蒸散强烈、水分盈余充足、生态资源丰富,森林和农田是主要的生态系统类型,可为"一带一路"建设提供充足的物质基础和开发需求。

东南亚地区的森林以热带雨林和热带季雨林为主,资源丰富,森林总面积为358.11万 km²,占68.69%,人均森林面积5729.76m²,其中老挝人均森林面积居首,高达33520m²。东南亚森林年累积净初级生产力水平较高,马来群岛热带雨林大部分区域年累积 NPP 超过 500gC/m^2，中南半岛大部分森林地区年累积 NPP 为 400gC/m^2～600gC/m^2。东南亚森林地上生物量总量 279.78 亿 t，其中印度尼西亚森林地上生物量占区域的 57.42%。东南亚森林固碳能力强，对全球碳汇贡献大。

2014 年东南亚农田总面积 132.47 万 km^2，占 25.41%，人均粮食年产量 390kg，人均农田面积 2119.52m^2，其中柬埔寨人均农田面积居首，高达 6046m^2。中南半岛是东南亚的主要粮食产区，农作物种植模式多样，主要分布在柬埔寨、缅甸和泰国境内。与 2013 年相比，2014 年东南亚主要粮食生产国的玉米和水稻作物种植面积增加，水稻产量增加，总产量 20970 万 t，而玉米产量下降，总产量为 3604 万 t。

东南亚土地开发强度处于中等水平，地域差异较大，开发强度低值区主要位于马来群岛中东部和中南半岛北部；高值区主要位于中南半岛中部，农田开垦程度和建设用地开发程度较高。东南亚保护区分布广泛，共 1853 个，占东南亚总面积的 20.63%，主要包括国家公园、生物多样性保护区和自然保护区等，是全世界动植物丰富的物种基因库。东南亚地区自然灾害频发，在"一带一路"基础设施建设过程中，要最大程度规避自然灾害风险，注重资源开发与生态保护之间的平衡，同时兼顾环境保护与经济社会发展。

第3章 重要节点城市分析

"一带一路"倡议将以交通基础设施、能源管道、通信设施为突破口，重点建设重要节点城市和港口。东南亚地区通过建设"中国—中南半岛经济走廊"和"21世纪海上丝绸之路"重要节点城市和港口（图3-1、图3-2），将带动区域发展，促进物资流通，对经济贸易、社会发展、文化交流发挥着举足轻重的作用。本章将从重要节点城市和港口的内部结构与周边环境出发，利用城市建成区不透水层遥感数据（徐新良等，2016）、10km缓冲区土地覆盖产品和城市夜间灯光数据变化，对城市宜居水平和扩展潜力进行分析，通过遥感监测手段对"一带一路"重要节点城市现状和未来发展进行评价。

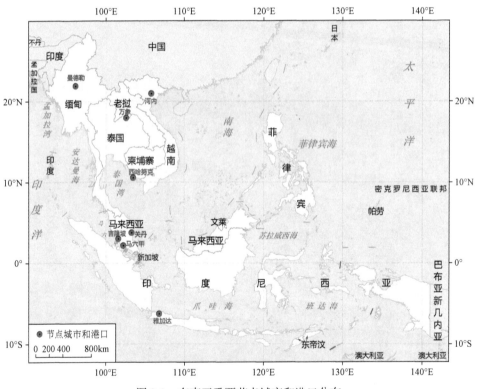

图3-1 东南亚重要节点城市和港口分布

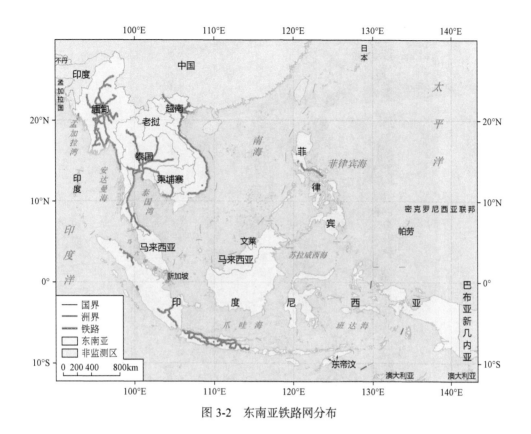

图 3-2 东南亚铁路网分布

3.1 曼 德 勒

3.1.1 概况

曼德勒地处缅甸中部地区，是缅甸的第二大城市，是中缅陆海通道的中心枢纽及中缅油气管道的重要节点城市。中缅原油管道途径曼德勒，中缅合资的缅甸最大炼油厂位于曼德勒，日炼原油 56000 桶，在中南半岛能源合作中起着举足轻重的作用。曼德勒是中缅商贸的核心城市，进一步加强中缅合作，构建公路、铁路、航空、管道、通信和网络等多维立体运输和交流通道，曼德勒起到了举足轻重的作用（图 3-3）。

3.1.2 典型生态环境特征

曼德勒城位于伊洛瓦底江中游东岸，地处中部干燥区，属于亚热带气候，呈现出"依山傍水"的区域生态环境背景特征。1月平均气温 20℃，最热月 4 月平均气温 33.9℃，年降水量 863mm。平均海拔 76m，北部是曼德勒山，最高海拔 236m。

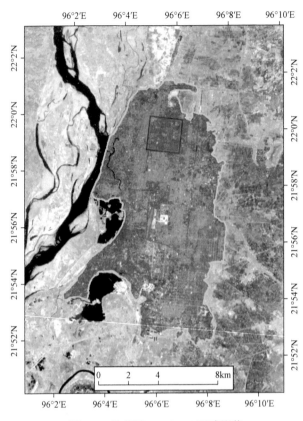

图 3-3　曼德勒 Landsat 8 遥感影像

1. 曼德勒城市不透水层的密集程度处于中等水平

以 2015 年 Landsat 8/OLI 数据为基础，提取了不透水层和绿地分布（图 3-4）。曼德勒建成区不透水层面积为 75.93km²，占建成区总面积的 71.12%。主城区主要分布在建成区东北部，该区不透水层密集，其他区域的建筑分布则相对松散，城市交通要道没有形成较为规则的分布。城市绿地面积为 12.2km²，占 11.43%。人工绿地分布于城市各处，主要集中在街道两侧和居民区；自然绿地则多分布在边缘山地和城区中的公园之中。曼德勒市建成区中裸地占 14.42%，主要由城区扩建和改建造成。整体来看，曼德勒城市生态环境有利于人居。

2. 曼德勒城市周边以农田为主，淡水资源丰富

基于 30m 土地覆盖遥感监测数据（陈军，2010），对曼德勒建成区周边 10km 缓冲区内的生态环境状况进行分析。曼德勒城市缓冲区内主要以农田为主，占地面

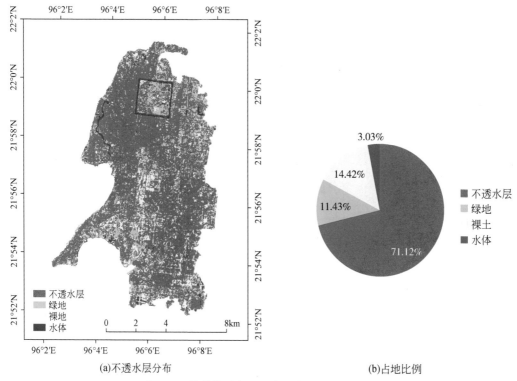

(a)不透水层分布　　　　　　　　　(b)占地比例

图 3-4　曼德勒城市不透水层分布及占地比例

积 580.72km²，占 68.69%。伊洛瓦底江流经城市西侧，缓冲区内水域面积较大，达 99.17km²；缓冲区内森林面积为 81.64km²，主要分布在城市东侧；缓冲区内人造地表占地面积 70.07km²，主要分布在城市东南侧（图 3-5）。

3.1.3　城市空间分布现状、扩展趋势与潜力评估

2013 年曼德勒建成区内灯光指数相对饱和，城北灯光指数比城南高，城市向南发展空间大。2000 ～ 2013 年，建成区南部大部分区域灯光指数增长速率在 1.0 以上，北部灯光指数处于相对饱和状态，说明建成区南部发展比北部相对较快。建成区外 10km 缓冲区内大部分区域灯光指数增长速率保持在 0.5 以下，但部分区域也出现了灯光指数减弱或下降的现象。随着城市化进程的推进，灯光指数减弱现象主要反映出曼德勒城市周边的人口迁移状况。曼德勒周边 10km 范围具有较大的发展潜力，将会成为城市建设的主要扩张区域（图 3-6，图 3-7）。

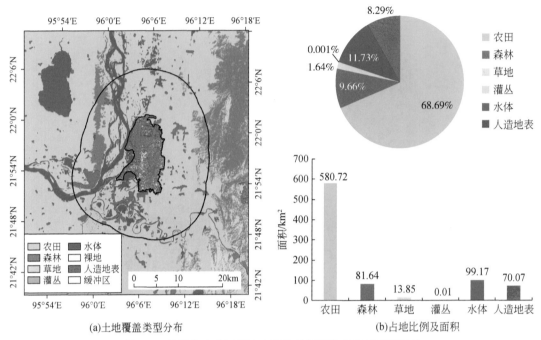

(a)土地覆盖类型分布   (b)占地比例及面积

图 3-5 曼德勒建成区周边土地覆盖类型分布及其面积统计

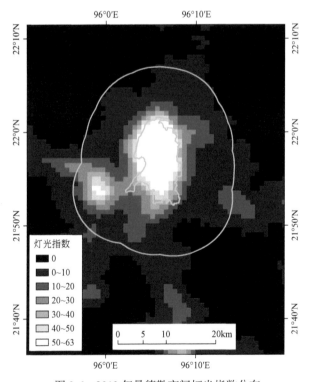

图 3-6 2013 年曼德勒夜间灯光指数分布

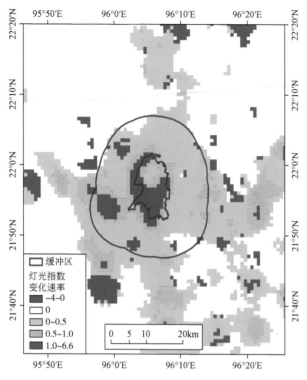

图 3-7　2000～2013 年曼德勒灯光指数变化速率

3.2　河　　内

3.2.1　概况

河内是越南的政治、文化中心，水、陆、空交通便利，是"中国—中南半岛经济走廊"的核心节点城市，也是泛亚铁路东线等铁路网的交汇点。2014 年 9 月河内至老街的高速公路通车，是首条连接中越边境的高速公路，也是中国昆明—越南海防经济走廊的重要项目，同时也是大湄公河次区域合作框架内的项目。"一带一路"倡议基础设施互联互通，将降低物流成本，带动当地基础设施升级，给沿线国家带来新的贸易和投资机会（图 3-8）。

3.2.2　典型生态环境特征

河内地处红河三角洲西北部，坐落在红河与苏沥江的汇流处，属于热带季风气候，降雨充沛，多年平均降水量为 1676mm。夏季高温多雨，6 月平均温度为 28.8℃；冬季平均气温为 15℃。

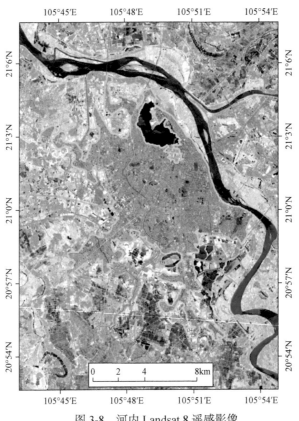

图 3-8　河内 Landsat 8 遥感影像

1. 河内不透水层密集程度高，绿地占地率较低

河内城市不透水层面积为 87.57km²，占 87.64%，建成区内建筑非常密集，属于高度密集范畴，城市环境不利于人居。不透水层集成连片的边界非常明显，城市形状奇特，以还剑湖为中心，向四周呈辐射状延伸。河内建成区内有明显的交通主干道和护城河分布，道路纵横交错，并随着城市的外廓形状向外辐射。河内建成区绿地主要分布在公园以及护城河和道路两侧，城市内部绿地比例相对较低，仅为 8.92%，绿地面积为 8.92km²（图 3-9）。

2. 河内城市周边以农田为主，森林资源匮乏，水资源丰富

河内建成区内及其周边的水域面积非常大，建成区内共有 20 多处不同规模大小的水域，城区外有更多更大规模的水域，主要以红河和苏沥江水域为主，10km 缓冲区内水体占地面积为 80.5km²。河内丰富的水资源条件，使其建成区周边农田广布，占地面积高达 747.3km²，占地率高达 76.19%。缓冲区内除了农田、水体和外延的人造地表外，其他地表覆盖类型的占地面积较小（图 3-10）。

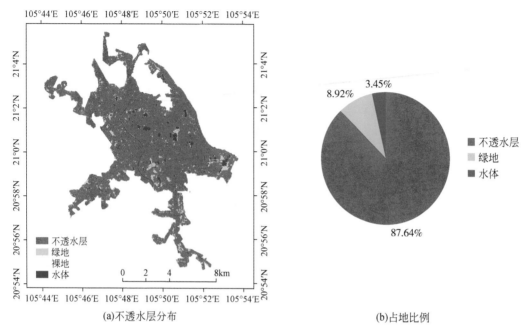

(a)不透水层分布　　　　　　　　(b)占地比例

图 3-9　河内城市不透水层分布及占地比例

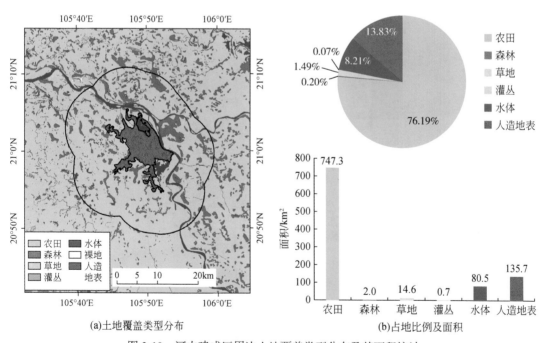

(a)土地覆盖类型分布　　　　　　(b)占地比例及面积

图 3-10　河内建成区周边土地覆盖类型分布及其面积统计

3.2.3 城市空间分布现状、扩展趋势与潜力评估

河内建成区灯光指数相对饱和，2000～2013年灯光指数保持相对缓慢的增长速率（0.5以下）。相比之下，建成区外的缓冲区发生了显著变化，大约20km的范围内灯光指数增长速率均在1.0以上，城市扩张明显，呈辐射状扩张。距河内40～50km的区域，出现大面积灯光指数减弱区。作为越南的首都，河内已是高度都市化的大城市，"一带一路"将为之注入新的血液来推动当地经济和社会的发展，进而带动整个城市的发展和变化（图3-11、图3-12）。

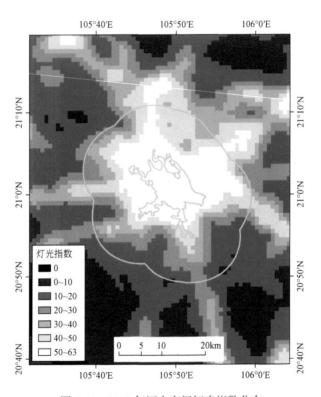

图 3-11　2013年河内夜间灯光指数分布

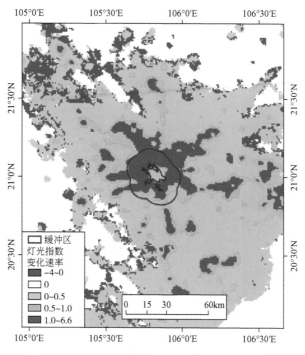

图 3-12　2000～2013 年河内灯光指数变化速率

3.3　万　象

3.3.1　概况

　　万象是老挝的首都，是政治、经济和文化中心，是"中国—中南半岛经济走廊"的重要节点城市，也是中老铁路、昆曼铁路和泛亚铁路的关键节点。中老铁路（磨丁至万象）是联通中老两国的重要基础设施，北端与中国境内玉溪—磨憨铁路对接，南端与泰国廊开—玛它普的标准轨铁路相连，共同构成泛亚铁路中通道—中老泰国际铁路大通道。2015 年 12 月 2 日中老铁路开工奠基仪式在万象举行，标志着中老铁路合作取得了实质性进展，意味着贯通中南半岛南北的交通大动脉将变为现实，是"一带一路"倡议落地的重要标志（图 3-13）。

3.3.2　典型生态环境特征

　　万象位于湄公河中游北岸的河谷平原上，紧紧傍依在湄公河左岸，隔着湄公河与泰国相望。万象属热带、亚热带季风气候，年平均温度为 26℃，年温差不大，季节变化不明显，有雨季和旱季之分，年降水量 1250～3750mm。

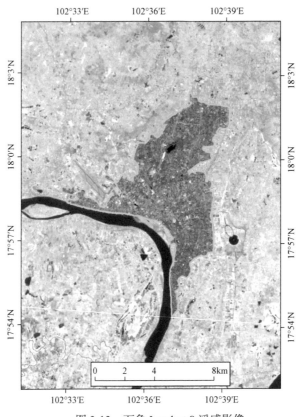

图 3-13　万象 Landsat 8 遥感影像

1. 城市不透水层相对密集，紧凑度较高，绿地率处于中等水平

以 2015 年的 Landsat 8/OLI 数据为基础，完成不透水层和绿地的提取（图 3-14）。万象建成区不透水层面积为 41.53km²，占 81.22%，紧凑度较高。城区中心不透水层较为密集，其他区域的建筑分布相对松散，城市交通要道分布规则。城市内人工绿化和自然植被景观空间配置较好，城市绿地面积为 6.25km²，占 12.22%，绿地分布较为均匀，主要分布在公园、街道两侧和居民区。建成区中有多处地表裸露，主要由城区改建造成，裸地占地率为 5.33%。

2. 万象城市周边以农田为主，淡水资源丰富

万象城市周边以农田为主，占地面积 573.8km²，占缓冲区面积的 74.82%，主要分布在湄公河周边。另外，湄公河两岸及城市西北部有森林分布，森林占地面积为 155km²，占 20.21%。除此之外，缓冲区内的主要地表类型为湄公河水体，其他类型的地表覆盖占比较小（图 3-15）。

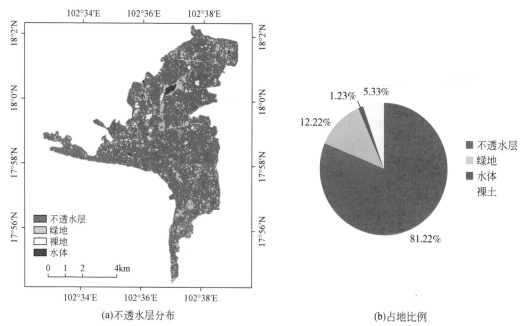

(a)不透水层分布　　　　　　　　　(b)占地比例

图 3-14　万象城市不透水层分布及占地比例

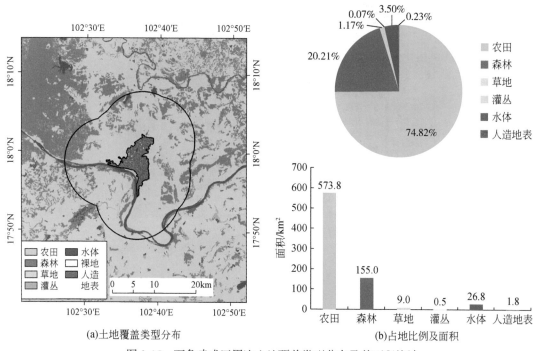

(a)土地覆盖类型分布　　　　　　　(b)占地比例及面积

图 3-15　万象建成区周边土地覆盖类型分布及其面积统计

43

3.3.3 城市空间分布现状、扩展趋势与潜力评估

2000～2013 年万象城市发展较快，万象建成区中部的建筑或人口已相对饱和，灯光指数变化速率增长整体相对缓和。建成区北部和缓冲区内的灯光指数增长速率较快，近一半区域的灯光指数增长速率在 1.0 以上，建成区南部灯光指数增长速率相对缓慢。泛亚铁路将对改善老挝交通条件、促进沿线城市化发展、带动区域产业经济的快速发展具有重要的意义，作为泛亚铁路的关键节点城市，万象势必会有前所未有的变化（图 3-16，图 3-17）。

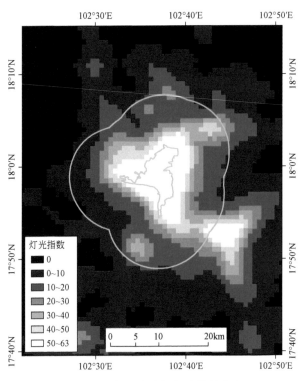

图 3-16 2013 年万象夜间灯光指数分布

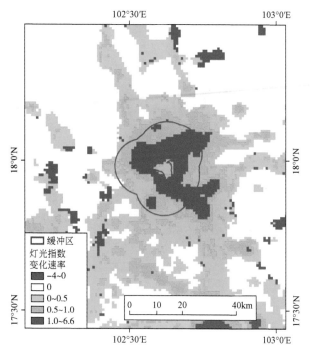

图 3-17 2000 ~ 2013 年万象灯光指数变化速率

3.4 吉 隆 坡

3.4.1 概况

吉隆坡是马来西亚的首都，是建设"21 世纪海上丝绸之路"的重要支点，是泛亚铁路中线的重要节点城市。吉隆坡扼守马六甲海峡，并处在东南亚的中心位置，地理区位十分重要。其拥有吉隆坡国际机场、吉隆坡第二国际机场和梳邦机场三大机场，国际列车 - 东方快车联通新加坡和曼谷，公路则是马来西亚公路交通网的中心。泛亚铁路规划有助于沿线各国和城市提高就业、扩大投资、带动经济增长，改善我国与东南亚国家之间的基础设施互联互通，加快双方合作（图 3-18）。

3.4.2 典型生态环境特征

吉隆坡位于雪兰莪州巴生河流域，东有蒂迪旺沙山脉为屏障，南北有丘陵环绕，西临马六甲海峡。气候类型属于典型的热带海洋性气候，全年都是夏天，气温介于 21 ~ 32℃之间，年降水量充沛，为 2000 ~ 2500mm。在良好的自然地理环境条件下吉隆坡呈现出"依山傍水"的区域生态环境特征。

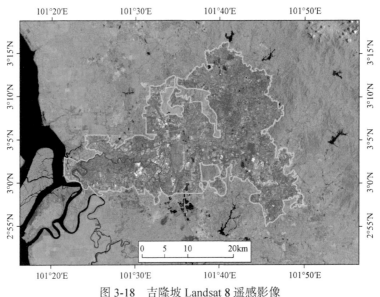

图 3-18 吉隆坡 Landsat 8 遥感影像

1. 吉隆坡城市内部绿地景观空间配置好且不透水层密集程度较低，有利人居

吉隆坡建成区内部绿地景观空间配置非常好，绿地占地率高达 22.83%，绿地占地率在东南亚地区的重要节点城市中占据首位。城市绿地以公园和护岸绿地居多，另外，吉隆坡道路边坡绿化较好，行道树条带清晰可见。吉隆坡的城市规模属于特大城市，其建成区不透水层面积为 655.83km²，占 72.29%，不透水层集成连片明显，与周边植被有明显的边界区分，城市交通要道明显且分布规则（图 3-19）。

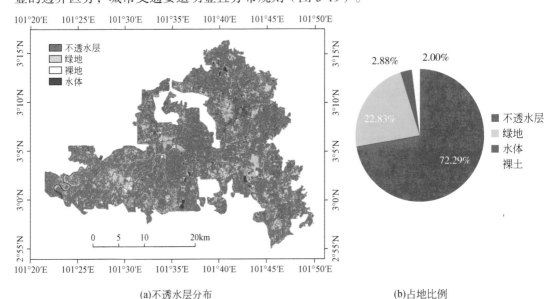

(a)不透水层分布   (b)占地比例

图 3-19 吉隆坡城市不透水层分布及占地比例

2. 吉隆坡周边以森林为主，环境优美

　　吉隆坡周边环境优美，森林密布，缓冲区内森林占地面积 1218.6km²，占 62.76%，主要分布在城市东侧的蒂迪旺沙山。缓冲区内农田占地面积 166km²，占 8.55%，和其他城市相比缓冲区内农田占比较少。缓冲区内的另一个主要地表类型为人造地表，占地面积高达 323km²，占比为 16.64%，吉隆坡建成区外延人造地表广阔，主要向南北方向延伸（图 3-20）。

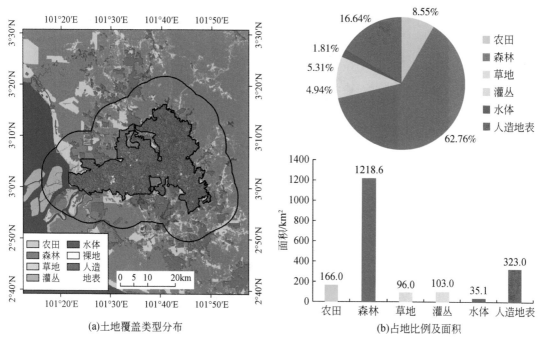

(a)土地覆盖类型分布　　　　　(b)占地比例及面积

图 3-20　吉隆坡建成区周边土地覆盖类型分布及其面积统计

3.4.3　城市空间分布现状、扩展趋势与潜力评估

　　吉隆坡建成区北部饱和，灯光指数呈现出减弱趋势，下降幅度不大，由此可见，通过改建吉隆坡人口密集区的城市结构发生了变化。2000 ～ 2013 年灯光指数没有发生明显变化的区域占较大比例，建成区南部灯光指数增强，但增长速率基本在 0.5 以下。相比之下，城市外围 10km 缓冲区内灯光指数增长较快，大部分区域灯光指数增长速率在 1.0 以上。吉隆坡建成区内部的发展空间已经饱和，外围是未来城市发展的主要空间。城市东部受蒂迪旺沙山脉限制，西部受海岸限制，主要发展空间为南北方向（图 3-21，图 3-22）。

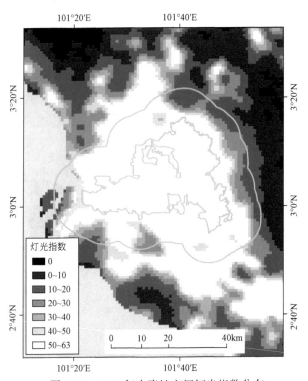

图 3-21　2013 年吉隆坡夜间灯光指数分布

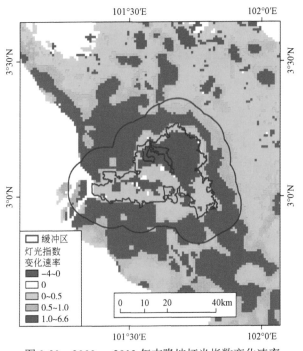

图 3-22　2000 ~ 2013 年吉隆坡灯光指数变化速率

3.5　西哈努克市

3.5.1　概况

　　西哈努克市是柬埔寨唯一的经济特区,是"21世纪海上丝绸之路"的门户港口城市之一,是柬埔寨最大海港和外贸的出入门户,也是中柬两国经济合作的样板。西哈努克市交通发达,拥有东南亚最大国际机场之一的波成东机场,铁路可直达首都金边。西哈努克市特区的自身区位优势及平台作用,已对中柬合作产生了积极影响,拉动了柬埔寨的社会经济发展。建设中的西哈努克市特区以打造柬埔寨的"深圳"为愿景目标,正努力构建中柬友谊城、东南亚新物流中心、大湄公河次区域培训交流中心等载体,旨在成为"一带一路"重点样板,为深化中柬经贸合作作出应有贡献(图3-23)。

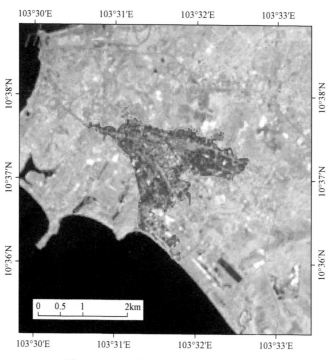

图 3-23　西哈努克市 Landsat 8 遥感影像

3.5.2　典型生态环境特征

　　西哈努克市位于柬埔寨西南海岸线,属热带季风气候,年平均气温约29℃,年降水量约2000mm,5～10月为雨季,雨季降水量占全年的80%,平均潮差0.7m,属日潮港。

1.西哈努克市面积较小，绿地占地率相对较高

以2015年Landsat 8/OLI数据为基础，完成不透水层和绿地的提取（图3-24）。西哈努克市绿地景观配置较好，绿地占地率达21.67%，城市周边绿地占比更高，有较多的林地分布。西哈努克市城区不透水层占建成区总面积的72.79%，不透水层分布相对松散。西哈努克市城市规模较小，没有明显的交通要道和水域分布。

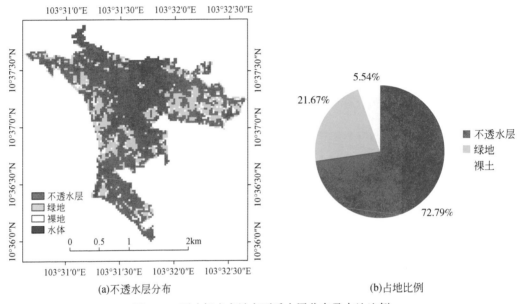

(a)不透水层分布   (b)占地比例

图3-24 西哈努克市城市不透水层分布及占地比例

2.西哈努克市周边以农田和森林为主

西哈努克市东5km内主要地物类型为农田，占地面积为103km²，占比为57.37%。城区东5km外有森林分布，森林占地面积为60.6km²，占比为33.73%。除农田和森林外，还有少量草地分布，占比仅为3.72%。缓冲区内人造地表占地面积也较小，占地率在3%以下（图3-25）。

3.5.3 城市空间分布现状、扩展趋势与潜力评估

西哈努克市建成区内和周边2km的范围内灯光指数增加较快，增长速率在1.0以上，其他区域的增长速率相对平缓，在0.5以下。建成区受西海岸限制，城市向东扩张趋势较明显。虽然西哈努克市面积不大，但它是柬埔寨最大的海港，也是唯一的经济特区，随着经济的发展以及"一带一路"基础设施的互通互联，西哈努克市的经济和城市发展都具有巨大的潜力和发展空间（图3-26，图3-27）。

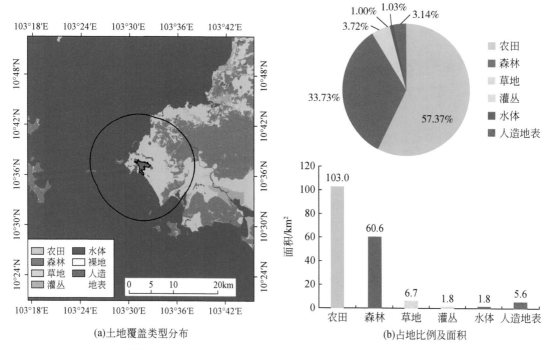

(a)土地覆盖类型分布

(b)占地比例及面积

图 3-25　西哈努克市周边土地覆盖类型分布及其面积统计

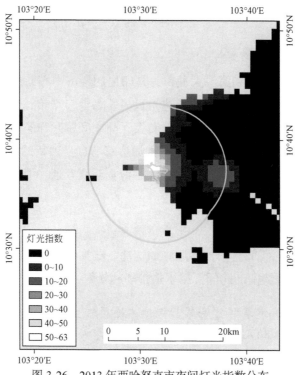

图 3-26　2013 年西哈努克市夜间灯光指数分布

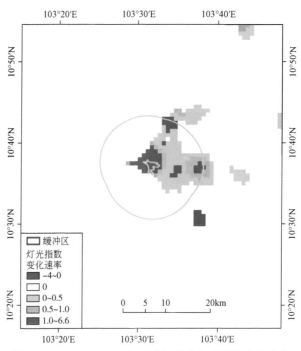

图 3-27 2000～2013 年西哈努克市灯光指数变化速率

3.6 雅 加 达

3.6.1 概况

雅加达作为印尼的首府和第一大城市，是印尼的经济中心，是"21世纪海上丝绸之路"的重要门户城市和首倡之地。雅加达是世界著名港口城市，外港丹戎不碌为印度尼西亚最大港口。建有珍卡兰机场，是欧洲和大洋洲之间国际海空航线的重要中转站。作为"21世纪海上丝绸之路"的首倡之地，雅加达有着自身独特的地理优势，响应"一带一路"合作倡议有着自身的现实需求，通过加强海上互联互通，可为彼此提供更便捷渠道，降低经济发展成本（图3-28）。

3.6.2 典型生态环境特征

雅加达位于爪哇岛西部北岸，靠近雅加达湾。雅加达是东南亚第一大城市，是印尼三大旅游城市之一。地势南高北低，属于热带雨林气候，年平均气温为27℃。

1. 雅加达城市不透水层非常密集且绿地占地率较低

以 2015 年 Landsat 8/OLI 数据为基础，完成不透水层和绿地提取（图3-29）。雅加达城市建筑较为密集，中雅加达区最为密集，不透水层面积为 714.07km²，占建成区总

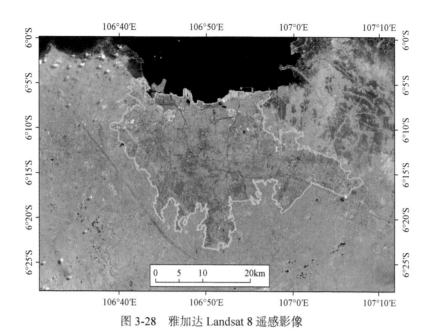

图 3-28 雅加达 Landsat 8 遥感影像

面积的 83.57%，属于人口密集型城市，不透水层属于高度紧凑，不利于改善人居环境。城市交通要道纵横交错，道路宽广，并布设有多条护城河。雅加达城市绿地占地率仅为7.81%，城市绿地面积 66.76km²，人工绿地主要集中在街道两侧和居民区，通过交通路线的边坡绿廊连接；自然绿地则多分布在建成区边缘山地和城区的公园之中。

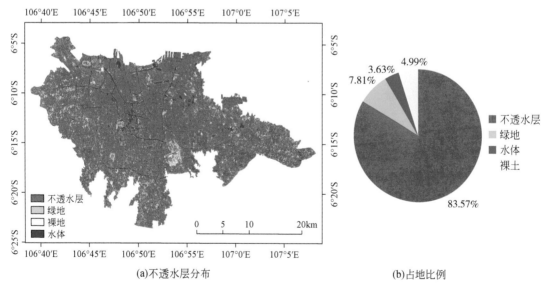

(a)不透水层分布　　　　　　　　　(b)占地比例

图 3-29 雅加达城市不透水层分布及占地比例

2. 雅加达周边以农田为主，占地率高达 90.7%

雅加达城市周边的地物类型以农田为主，占地面积 1411.9km²，占地率高达 90.66%。森林类型较少，占地率仅为 1.48%。城南有零星草地分布，占地率仅为 0.11%。缓冲区内人造地表占地面积较大，达 63.2km²，占地率 4.06%，主要分布在西雅加达、南雅加达和东雅加达（图 3-30）。

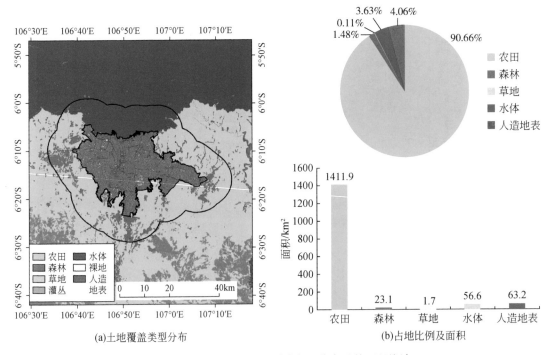

(a)土地覆盖类型分布　　　　　　　　(b)占地比例及面积

图 3-30　雅加达周边土地覆盖类型分布及其面积统计

3.6.3　城市空间分布现状、扩展趋势与潜力评估

雅加达建成区出现了和吉隆坡类似的现象，建成区密集区灯光指数减弱，且减弱程度不大。大型城市内部太过密集的区域，不利于人居，必须通过内部改建或搬迁来调整结构。中雅加达城市不透水层最为密集，经过长时间的发展达到饱和后，该区人口出现了搬迁。东雅加达、西雅加达和南雅加达建成区内灯光指数保持相对缓慢的增长，增长速率在 0.5 以下。建成区外灯光指数增长较快，大部分区域的增长速率在 1.0 以上。总之，雅加达建成区内部紧凑度已非常高，不适合再增加新的建筑，相比之下，建成区外是该城市未来发展的主要空间（图 3-31，图 3-32）。

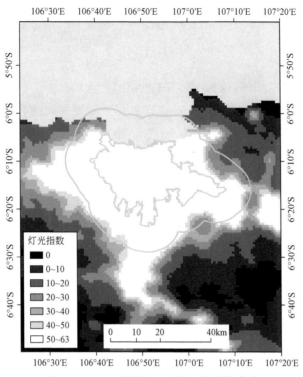

图 3-31 2013 年雅加达夜间灯光指数分布

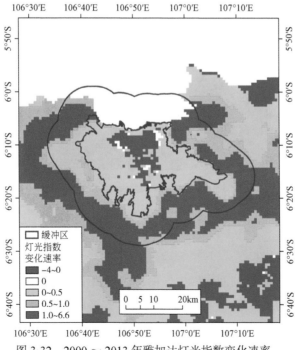

图 3-32 2000 ～ 2013 年雅加达灯光指数变化速率

3.7 关 丹

3.7.1 概况

关丹是马来西亚彭亨州的首府，是"21世纪海上丝绸之路"的重要港口城市。关丹港是一个多功能、全天候海港，是马来半岛东海岸最重要的海港和物流中心，是中马两国之间的最接近点。马来西亚积极参与"一带一路"倡议，中马钦州产业园和马中关丹产业园已经成为中马合作中的一个新的创举，产业园区正成为"一带一路"倡议实施的纽带和引擎，重塑国际间产业发展的合作模式。青岛港与关丹港正式签署建立友好港关系协议书，双方将就港口开发建设、运营管理等方面加强交流和合作，在商务活动中相互提供便利与支持。这一创举将进一步构建两港交流合作的新局面，是"21世纪海上丝绸之路"倡议的重要成果，对于促进区域经济发展有着重要的作用（图3-33）。

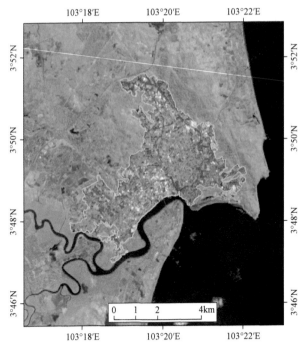

图 3-33 关丹 Landsat 8 遥感影像

3.7.2 典型生态环境特征

关丹位于关丹河口附近，面向南中国海，属于热带雨林气候，海洋气候特征明显，常年多雨，低地年平均温度21～23℃，东北地区的高地温度相对较低。因受太阳直射，日照充足，炎热潮湿，一年皆夏。

1. 关丹城市不透水层的密集程度较高但绿地占地率也较高

以 2015 年 Landsat 8/ OLI 数据为基础，完成不透水层和绿地提取（图 3-34）。关丹城区不透水地表面积为 19.11km²，占建成区总面积的 81.25%，建筑密集程度较高，城市不透水层间隙被绿地填充。关丹建成区内人工绿化和自然植被景观空间配置较好，绿地分布均匀，占地率达 18.55%。人工绿地分布于城市各处，主要集中在街道两侧和居民区；自然绿地则多分布在建成区边缘山地和城区中的公园之中。

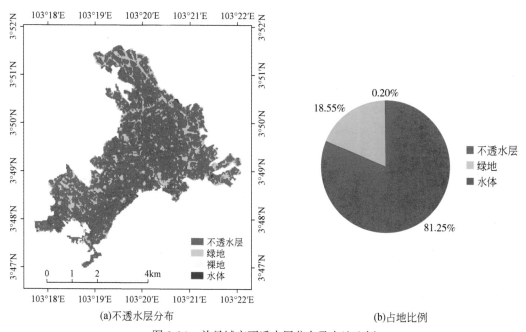

(a)不透水层分布　　　　　　　　　　(b)占地比例

图 3-34　关丹城市不透水层分布及占地比例

2. 关丹周边以森林和农田为主，森林占比 53.5%

城区周围绿地面积广，盖度大，城边丘陵山地上森林密集，森林占地面积为 192.9km²，森林占比达 53.52%，城市周边环境良好。建成区周边有较多农田分布，占地面积仅次于森林，为 107.7km²，占 29.88%。缓冲区内人造地表也较多，占比为 10.20%，其他覆盖类型均较少（图 3-35）。

3.7.3　城市空间分布现状、扩展趋势与潜力评估

关丹建成区内部还没有太过饱和，2000 ～ 2013 年建成区内保持相对缓慢的增速，灯光指数增长速率在 0.5 以下；建成区外缓冲区内增速较大，增长速率在 1.0 以上。目前，关丹港正在进行扩建，扩建工程完成后，关丹港将成为马来西亚东岸规模最大的港口。城北被丘陵山地环绕，城东面向大海，均限制了城市的扩张方向，西部将是未来城市的主要发展方向（图 3-36，图 3-37）。

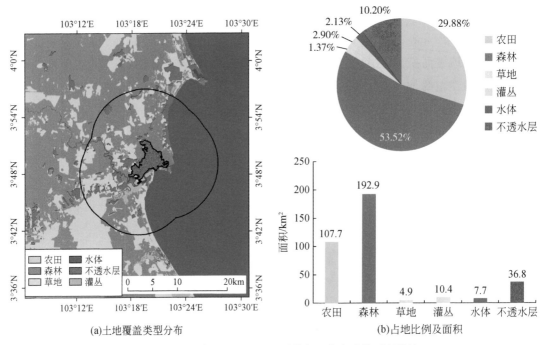

(a)土地覆盖类型分布 (b)占地比例及面积

图 3-35　关丹建成区周边土地覆盖类型分布及其面积统计

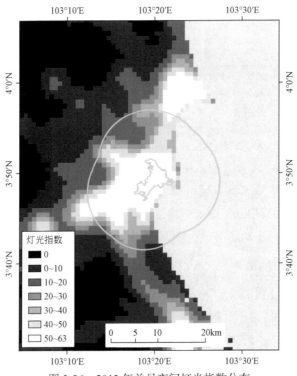

图 3-36　2013 年关丹夜间灯光指数分布

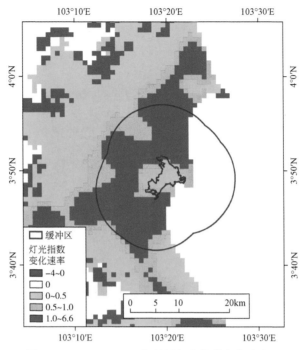

图 3-37　2000～2013 年关丹灯光指数变化速率

3.8　马　六　甲

3.8.1　概况

马六甲海峡是连接印度洋和太平洋的咽喉要道，是亚、非、欧沿岸国家和澳大利亚往来的重要海上通道，被誉为"海上十字路口"，是"21 世纪海上丝绸之路"的重要节点和中转站。马六甲在历史上即为海上丝绸之路的咽喉，郑和七下西洋五次停靠马六甲，带来了中国的丝绸、茶叶、瓷器等产品和先进的生产技术，助力马六甲发展成为古代海上丝绸之路上的重要商港。2015 年 9 月马六甲与中国广东省签署谅解备忘录缔结为"友好省州"，双方将就共同建设海事工业园、广东—马六甲工业园和在马六甲建造深水码头等项目展开讨论与合作。"21 世纪海上丝绸之路"建设将给马六甲带来新的发展机遇推动经济发展（图 3-38）。

3.8.2　典型生态环境特征

马六甲位于马来半岛西南面，濒临马六甲海峡，坐落在马六甲海峡的北岸，处于赤道无风带，属热带雨林气候，终年高温多雨，太阳直射强烈，天气炎热，昼夜温差较大。年均气温 25℃以上，年降水量 2000～2500mm。

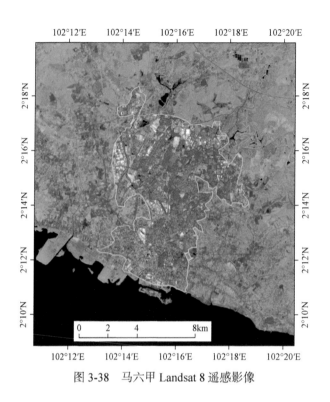

图 3-38　马六甲 Landsat 8 遥感影像

1. 建成区不透水层密集程度较低且市内植被景观空间配置好

以 2015 年 Landsat 8/OLI 数据为基础，完成不透水层和绿地提取（图 3-39）。马六

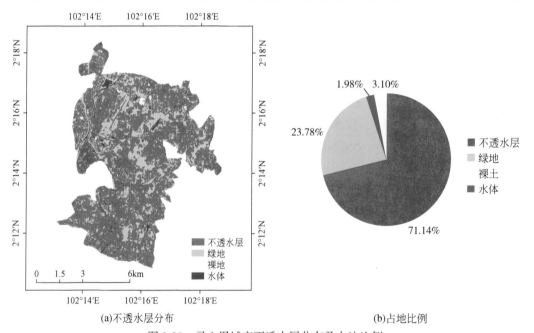

(a)不透水层分布　　　　　　　　　　　　(b)占地比例

图 3-39　马六甲城市不透水层分布及占地比例

甲城区不透水层密集程度较低，不透水层间隙基本均被植被覆盖，人工绿化和自然植被景观空间配置很好，绿地占地率高达23.78%。人工绿地主要集中在街道两侧，通过交通路线的边坡绿廊连接；自然绿地则多分布城区的公园之中。城区不透水层面积为51.45km²，占建成区总面积的71.14%，紧凑度较低，有利于人居。

2. 马六甲周边以森林、农田为主，且有较大规模的城市群分布

城市建成区周边以农田和森林为主，占地面积分别为196.5km²和271.6km²，占地率分别达到34.06%和47.09%。缓冲区内有相当规模的城镇人造地表，以马六甲建成区为中心，形成城市群。城市群人造地表破碎程度较高，没有形成集成连片的规模，其不透水层总占地面积为93.2km²，占缓冲区面积的16.15%。其他地表覆盖类型分布相对较少，占比均在2%以下（图3-40）。

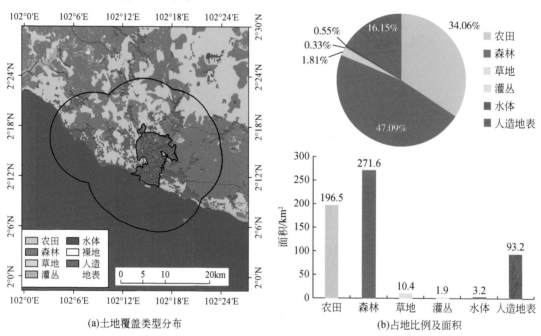

(a)土地覆盖类型分布　　　　　　(b)占地比例及面积

图3-40　马六甲建成区周边土地覆盖类型分布及其面积统计

3.8.3　城市空间分布现状、扩展趋势与潜力评估

马六甲和关丹的状况相似，其城市内部没有太过饱和，建成区内保持着相对缓慢的增速，灯光指数增长速率在0.5以下；缓冲区内其灯光指数增速较大，增长速率在1.0以上。城市远处出现灯光指数减弱的情况，主要反映出人口迁移和城镇化趋势。海岸线沿线10～20km的范围内是马六甲发展的主要方向（图3-41，图3-42）。

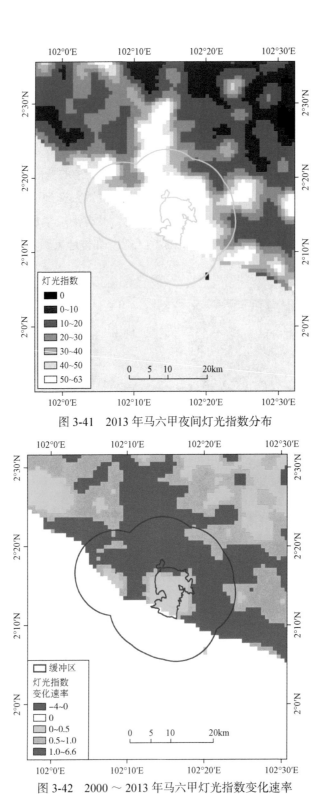

图 3-41　2013 年马六甲夜间灯光指数分布

图 3-42　2000～2013 年马六甲灯光指数变化速率

3.9　小　结

曼德勒、河内、万象和吉隆坡是东南亚经济走廊的重要节点城市，连接泛亚铁路、中缅油气管道等重要通道；西哈努克市、雅加达、关丹和马六甲是"21世纪海上丝绸之路"的重要港口城市。

东南亚重要节点城市绿地平均占地率为15.93%，吉隆坡、西哈努克市、关丹和马六甲的城市绿地率高于平均水平，曼德勒、河内、万象和雅加达城市内部绿地占地率低于平均水平（表3-1）。其中，马六甲城市绿地占地率最高，可达23.78%，而雅加达城市绿地占比仅为7.81%，城市内部不透水层高度密集，不透水层占比可达83.57%。东南亚重要节点城市建成区不透水层平均占比为77.62%，城市密集程度相对较高，其中河内建成区不透水层占比最高，高达87.64%。考虑到城市的可持续发展与生态环境问题，高不透水层比例的城市结构容易造成热岛效应等多种城市问题，不利人居，城市发展将面临较大的生态环境压力。自然植被作为城市建成区一个重要组成部分，发挥着不可或缺的生态保障功能，在城市建设和规划过程中要重视绿地的生态功能，进而优化城市内部结构，提高人居环境水平。

2013年东南亚重要节点城市建成区灯光指数平均水平为59.97，各城市之间差异水平不显著。马六甲、吉隆坡、雅加达等城市灯光指数在2013年已接近饱和，城市内部发展空间有限；西哈努克市和曼德勒城市建成区内的灯光指数相对较低，均值分别为49.25和55.92，建成区内部发展空间相对较大。

表 3-1　东南亚重要节点城市建成区生态环境状况

城市	面积 /km²	不透水层占比 /%	绿地占比 /%	2013 年灯光指数均值	2000 ～ 2013 年灯光指数年际变化速率
曼德勒	106.76	71.12	11.43	55.92	1.15
河内	100.03	87.64	8.92	60.89	0.57
万象	51.13	81.22	12.22	62.64	1.23
吉隆坡	907.21	72.29	22.83	62.98	0.05
西哈努克市	4.14	72.79	21.67	49.25	2.75
雅加达	854.46	83.57	7.81	62.94	0.10
关丹	23.52	81.25	18.55	62.11	0.47
马六甲	72.31	71.14	23.78	63.00	0.31
平均值	—	77.62	15.93	59.97	0.83

东南亚重要节点城市周边10km缓冲区内以农田和森林为主。雅加达城市周边农田面积占比高达90.66%，吉隆坡城市周边森林面积占比达62.76%（表3-2）。整体来看，

东南亚重要节点城市周边水资源丰富，生态环境良好。东南亚节点城市 10km 缓冲区内灯光指数平均值为 39.27，各城市缓冲区内的灯光指数差异显著，雅加达缓冲区内灯光指数最高，高达 57.56，而曼德勒周边灯光指数均值仅为 19.41。

表 3-2　东南亚重要节点城市周边 10km 缓冲区生态环境状况

城市	面积 /km²	第一大类及占比 /%	第二大类及占比 /%	2013 年灯光指数均值	2000～2013 年灯光指数年际变化速率
曼德勒	845.44	农田 68.68	水体 11.72	19.41	0.46
河内	980.86	农田 76.19	人造地表 13.83	40.94	1.47
万象	766.92	农田 74.82	森林 20.20	29.13	1.25
吉隆坡	1941.69	森林 62.76	人造地表 16.63	53.95	0.95
西哈努克市	179.59	农田 57.37	森林 33.73	20.04	0.22
雅加达	1557.26	农田 90.66	人造地表 4.06	57.56	0.68
关丹	360.33	森林 53.52	农田 29.88	42.47	1.06
马六甲	576.78	森林 47.08	农田 34.06	50.68	1.04
平均值	#	#	#	39.27	0.89

2000～2013 年，东南亚重要节点城市建成区内和周边 10km 缓冲区灯光指数均保持较快的增长，增长速率分别为 0.83 和 0.89。就建成区内部变化来看，西哈努克市发展最快，灯光指数增长速率高达 2.75，万象和曼德勒的增长速度紧随其后，分别为 1.23 和 1.15，可见城市建成区内部的快速发展和变化。而吉隆坡、雅加达等城市的灯光指数增长速率较低，均在 0.1 以下，可见这些城市内部发展空间已经非常有限。就城市周边缓冲区内灯光指数变化来看，河内增长速率最快，西哈努克市最慢。整体来看，东南亚城市灯光亮度普遍呈现出"高密度、高增长率"的特点，且未来发展势头强劲。

第4章 典型经济合作走廊和交通运输通道分析

4.1 廊道概况

东南亚地区经济走廊依托泛亚铁路分三条路线贯穿整个中南半岛和马来半岛(图4-1)。

图4-1 东南亚典型经济走廊示意图

东线和中线为"中国 – 中南半岛经济走廊",分别从中国广西南宁和云南昆明出发,纵贯中南半岛的越南、老挝、柬埔寨、泰国,并连通马来西亚和新加坡;西线自中国云南昆明经曼德勒、内比都到达仰光,连通印度洋,是"孟中印缅经济走廊"的一部分。该经济走廊以商贸文化、基础设施建设等为核心内容,将构建海上丝绸之路优势产业群、城镇体系、口岸体系,是中国与东南亚国家海陆统筹的大动脉。本章将以经济走廊100km缓冲区为监测区域,从廊道内部的光温水条件、土地覆盖和土地利用状况出发,分析廊道内部主要生态资源分布和廊道节点城市发展,并通过对廊道所经路段进行详细分段,分析廊道各段存在的地形、气候、灾害、保护区等限制因素,进而为廊道基础设施建设过程提供决策依据。

4.2 生态环境特征

4.2.1 光温条件

从东南亚经济走廊年光合有效辐射分布图可以看出(图4-2),走廊覆盖区域的年总光合有效辐射总体由东往西逐渐增加,走廊东线的年总光合有效辐射要低于走廊中线和西线。走廊缓冲区光合有效辐射高值集中分布在走廊中线的泰国段、西线的缅甸中部区域和东线的柬埔寨段,高于3500MJ/m²;低值主要分布在走廊东线的中国广西和越南北部,年总光合有效辐射量不足2800MJ/m²。

4.2.2 区域水分分布格局

1. 走廊中线泰国段是降水低值区,马来半岛段降水丰富

2014 年东南亚经济走廊降水量空间分布如图4-3所示,位于中国境内的走廊降水量最低值小于1000mm,明显小于东南亚区域。随着走廊由中国向南延伸进入东南亚区域,降水量逐渐增加,在中南半岛的走廊中段(泰国中部)出现降水低值区,降水量小于1500mm。向南进入走廊南端的马来半岛区域降水明显增加,降水量高达3000mm以上。

2. 马来半岛蒸散量高于中南半岛,且缅甸中部蒸散量最低

2014 年东南亚经济走廊蒸散量空间分布如图4-4所示,位于中国境内的走廊段蒸散量低于东南亚区域。中南半岛的走廊东线、中线、西线的蒸散量逐渐降低,其中缅甸中西部段蒸散量最低,蒸散量小于700mm。走廊南端马来半岛区域的蒸散量明显高于中南半岛,蒸散量高达1000mm以上。

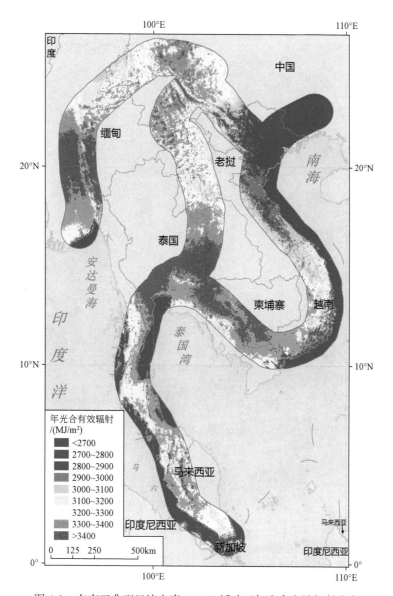

图 4-2　东南亚典型经济走廊 100km 缓冲区年光合有效辐射分布

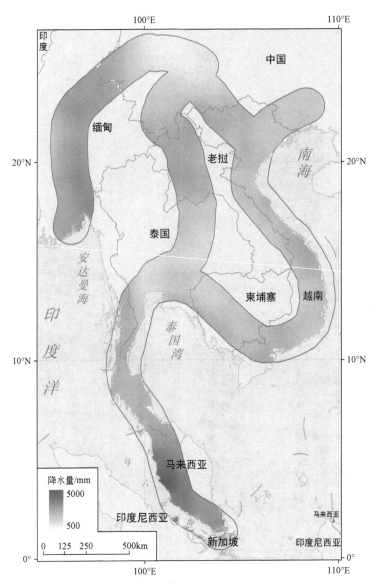

图 4-3　东南亚典型经济走廊 100km 缓冲区降水量空间分布

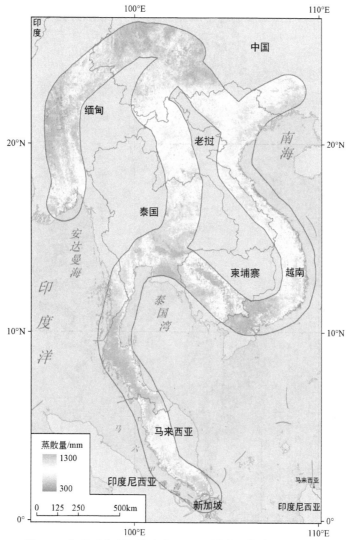

图 4-4　东南亚典型经济走廊 100km 缓冲区蒸散量空间分布

4.2.3　土地覆盖和土地开发强度

1. 走廊沿线缓冲区内以森林为主，农田为辅，廊道周围自然环境良好

东南亚经济走廊 100km 的缓冲区内覆盖率最高的是森林，总面积为 76.37 万 km²，占廊道范围总面积的 43.7%，主要分布在走廊中线的老挝段和马来西亚段、西线的缅甸段、东线的越南段和柬埔寨西南段（俞乐和宫鹏，2016）。农田主要分布于走廊中线的泰国段、西线的缅甸段、东线的柬埔寨和越南段，总面积为 63.07 万 km²，占廊道总面积的 36.1%。灌丛占地面积较小，占比仅为 0.7%，草地主要分布在中国境内的云南地区，中南半岛草地较少。整体来看，大部分廊道周围自然环境良好（图 4-5，图 4-6）。

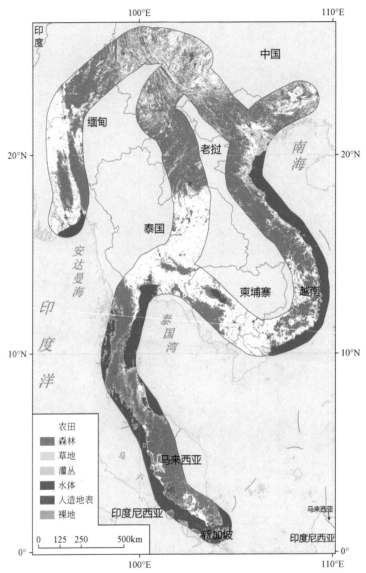

图 4-5　东南亚典型经济走廊 100km 缓冲区土地覆盖类型分布

2. 走廊西线南部、中线泰国段、东线南部的土地利用程度较高，主要体现为垦殖性开发和建设性开发

廊道内土地利用程度高值区（0.6 ～ 0.8）主要分布在走廊西线的缅甸南段、中线的泰国段以及东线南部的越南段和柬埔寨段，这些被高度利用的区域主要受人为因素影响较大，包括垦殖性开发和建设性开发。土地利用程度低值区（0 ～ 0.4）主要分布在中线的老挝段、西线缅甸北部以及东线的越南西北，区域地形起伏较大，开发难度较大。土地开发程度介于 0.4 ～ 0.6 的区域主要分布在中国境内（图 4-7）。

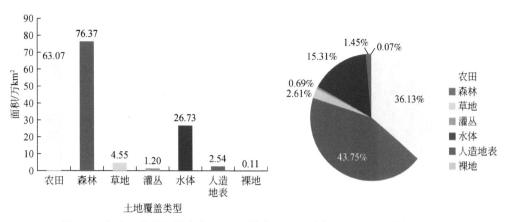

图 4-6　东南亚典型经济走廊 100km 缓冲区土地覆盖类型面积及其占地比例

水体含经济走廊缓冲区所覆盖的海洋

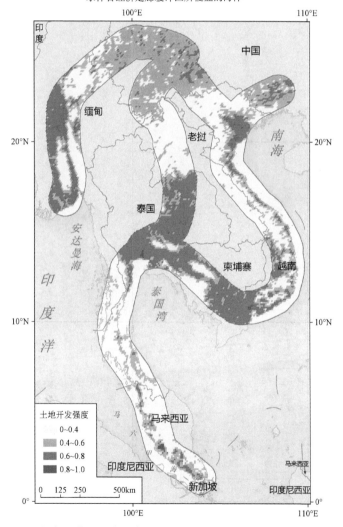

图 4-7　东南亚典型经济走廊 100km 缓冲区土地开发强度指数分布

4.2.4 农田

利用 2014 年 5km 农作物复种指数数据，分析走廊缓冲区内农作物种植空间分布特征（图 4-8）。走廊缓冲区内农作物以一年一熟的种植模式为主，占 44.88%，主要分布在走廊西线缅甸段和中线泰国段；走廊西线缅甸南部、中线泰国中南部、东线越南南部和北部地区的农作物为一年两熟制的种植模式，占 43.26%；走廊东线越南南部和马来西亚南部地区农作物出现一年三熟的种植模式，占 11.86%。

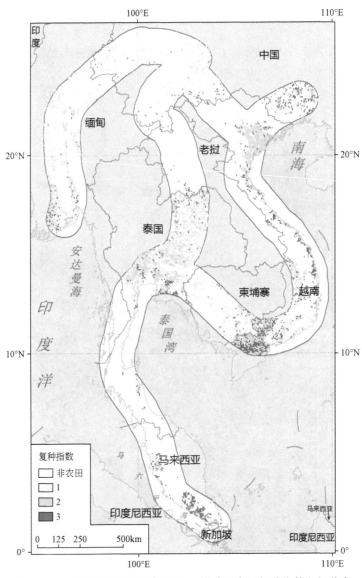

图 4-8　东南亚典型经济走廊 100km 缓冲区农田复种指数空间分布

4.2.5　森林

1. 走廊缓冲区森林地上生物量总量 59.37 亿 t

利用 2014 年 1km 森林地上生物量遥感产品（刘清旺和胡凯龙，2016）分析走廊 100km 缓冲区森林地上生物量空间分布特征（图 4-9）。东南亚经济走廊缓冲区内森林地上生物量总量约 59.37 亿 t，主要分布在走廊南端马来西亚段、走廊中线老挝北段、西线缅甸北段和东线的越南段，森林地上生物量最大值出现在走廊老挝北段和东线的越南中段，超过 $180t/hm^2$；森林地上生物量最小值出现在中国云南和广西境内，最小值低于 $100t/hm^2$。

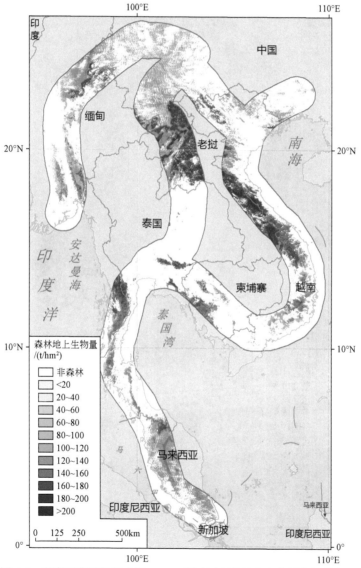

图 4-9　东南亚典型经济走廊 100km 缓冲区森林地上生物量空间分布

2. 走廊缓冲区森林 NPP 空间差异不显著，森林年累积 NPP 整体较高

利用 1km 遥感植被净初级生产力（NPP）产品（高帅等，2015）分析 2014 年东南亚经济走廊 100km 缓冲区森林类型年累积 NPP 空间分布特征（图 4-10）。走廊缓冲区内森林类型年累积 NPP 空间差异不显著，森林年累积 NPP 较高，普遍高于 400gC/m²；森林年累积 NPP 最大值出现在走廊中线老挝北部和走廊南端马来西亚南段，最大值超过 600gC/m²，森林固碳能力高；在走廊西线缅甸段、东线越南北段和中国广西部分地区，森林年累积 NPP 较低，最小值低于 200gC/m²。

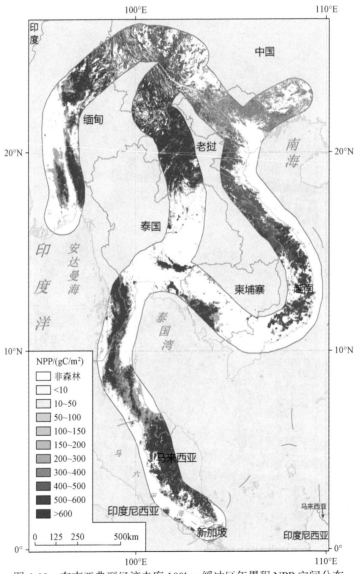

图 4-10 东南亚典型经济走廊 100km 缓冲区年累积 NPP 空间分布

4.2.6　廊道城市建设及发展状况

廊道南北沿线城市的差异较大，中南半岛南部的城市规模整体比北部大，城市灯光亮度值高、分布广，走廊中线、东线城市规模又比西线大。灯光最亮的地区主要位于走廊中线的曼谷、吉隆坡、新加坡和东线的胡志明市、河内等，这些城市多为各国的首都城市，人口密集，城市规模及城市化水平较高，工业化水平相对发达。从灯光指数变化速率图来看，变化速率大于 1 的区域主要聚集在走廊中线和东线，曼谷、胡志明市、河内等城市灯光指数的增强速率非常快，城市内部及周边发生了明显的变化，尤其是曼谷北部的城市群和道路网扩张明显。相比之下，走廊中线的老挝段和东线的柬埔寨段的灯光指数变化较小，没有形成大规模的扩张，部分区域灯光指数减弱（图 4-11，图 4-12）。

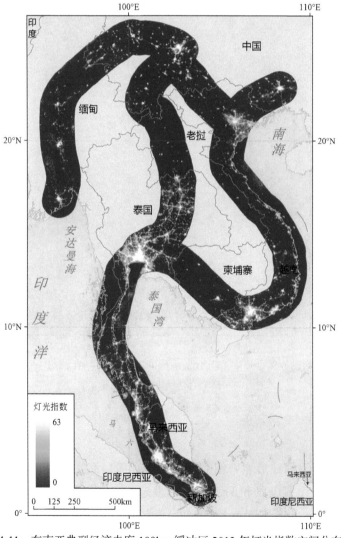

图 4-11　东南亚典型经济走廊 100km 缓冲区 2013 年灯光指数空间分布

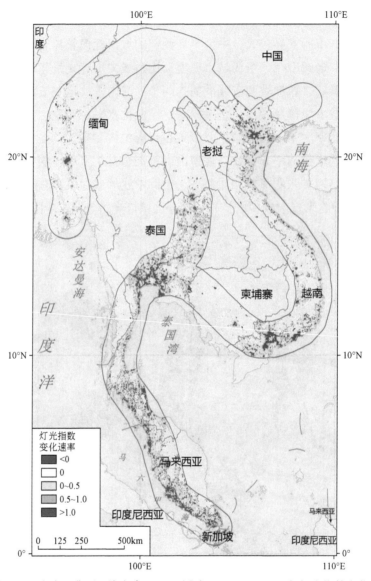

图 4-12　东南亚典型经济走廊 100km 缓冲区 2000 ～ 2013 年灯光指数变化速率

4.3　廊道主要生态环境限制

4.3.1　地形

　　廊道东线越南段的地形地貌相对平坦，缓冲区内海拔约为 500m，坡度较为缓和，均在 10° 以下；中线泰国段和东线柬埔寨段地处中南半岛的平原三角洲，地势平坦，平均海拔约为 100m，走廊南端马来半岛平原狭小，多分布于沿海地区。相比之下，走廊西线和中线北段穿越中国云贵高原以及缅甸和老挝的北部山区,最高海拔高达3000m 以上,平均坡度达到 20°~30°,地形崎岖,给"一带一路"基础设施建设带来挑战(图 4-13)。

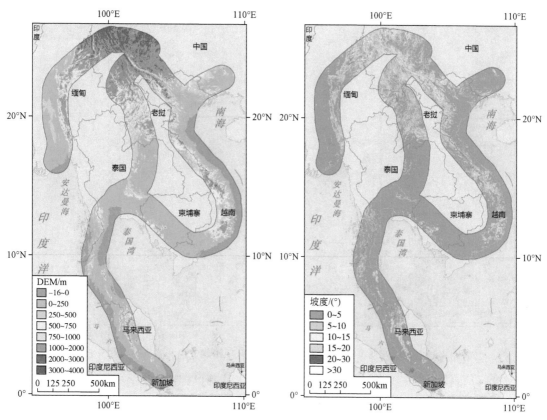

图 4-13 东南亚典型经济走廊 100km 缓冲区地面高程和坡度

4.3.2 自然灾害

东南亚大多国家终年炎热,降水量大,特殊的气候条件给"一带一路"基础设施的建设带来一定的困难(图 4-14)。东南亚地区是全球自然灾害频发的区域之一,洪涝、台风、地震、泥石流、火山爆发等自然灾害对"一带一路"建设构成潜在的威胁,在经济走廊建设过程中要注意规避自然灾害。

4.3.3 保护区需求

廊道沿线分布的保护区主要有生境/物种管制区、国家公园、自然保护区、资源保护区和自然遗迹等,涵盖保护区共 259 个,主要聚集在廊道南段。廊道内国家公园主要分布于走廊中线南部的泰国段和缅甸段;生境物种管制区主要分布在走廊中线和东线,以老挝、越南、泰国、马来西亚和柬埔寨境内为主;自然遗迹、资源保护区及其他类型

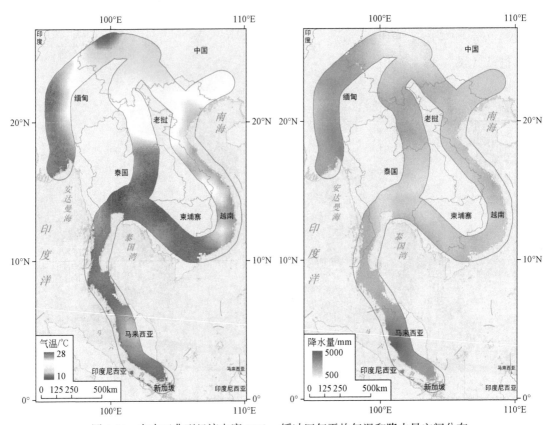

图 4-14　东南亚典型经济走廊 100km 缓冲区年平均气温和降水量空间分布

的保护区分布较少。在廊道沿线开展"一带一路"基础设施建设时，需兼顾对生态环境和自然保护区的保护（图 4-15）。

4.4　廊道建设的潜在影响

　　东南亚典型经济走廊跨越了中南半岛高山谷地、沿海平原和马来群岛的热带雨林，廊道建设对中南半岛的经济社会和生态环境发展利弊兼有。

　　廊道的建设以沿线节点城市为依托，以铁路、公路为载体，以人流、物流、资金流、信息流为基础，是东南亚迈向优势互补、区域分工、联动开发、共同发展的区域经济体发展目标的有力抓手。经济走廊建设有利于发挥劳动力、农矿资源优势，扩大就业，提高经济收入，促进经济发展；有利于引进资金、技术，承接产业转移，促进产业结构调整与升级；有利于完善交通等基础设施，加快东南亚的工业化、城市化进程。走廊建设助推东南亚整体经济社会发展，从而提高了优化区域生态结构、保障生态安全的财政能力，有助于东南亚积极主动保护区域生态安全格局。

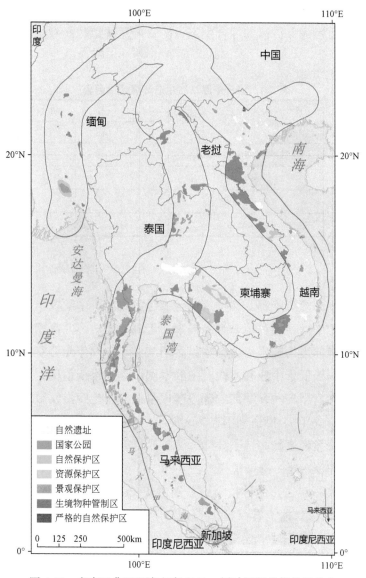

图 4-15 东南亚典型经济走廊 100km 缓冲区相关保护区分布

中南半岛北段多山地高原，植被生长状况较好，廊道沿线主要为森林和农田，廊道建设对沿线的农林发展和良好的自然本底形成潜在威胁。走廊西线和中线北段的地形较为崎岖险峻，主要分布在中国云贵高原地区，以及缅甸东北部和老挝的山地地区，最高海拔高达 3000m 以上。该区域为热带季风气候，常年高温，雨水充沛，高温多雨的气候环境及多发的地质灾害，凸显了该区域生态系统的脆弱性，开发时应注意对生态环境的保护。马来群岛地处热带地区，多数地区地壳极不稳定，洪涝、台风、火山地震极多，廊道建设时应注意地质灾害的规避和生态环境的保护。此外，东南亚地区 1/5 的土地属保护区，廊道建设需考虑保护区的综合生态保护，避免廊道建设对保护区自然环境的破坏（表 4-1）。

表 4-1　经济走廊沿线生态环境约束因素

走廊分段	起止城市（国家）	限制因子				
		严寒	地形	荒漠	灾害	保护区
中越和中老段	昆明 # 万象和昆明 # 河内		√			√
中南半岛平原中线	万象 # 曼谷					√
中南半岛平原东线	南宁 # 曼谷				√	√
马来半岛平原段	曼谷 # 新加坡				√	√

4.5　小　　结

"中国－中南半岛经济走廊"和"孟中印缅经济走廊"中缅段是东南亚地区的重要经济走廊，联通整个中南半岛和马来半岛国家。走廊沿途地形北高南低，气候属大陆性热带季风气候，向南伸出的马来半岛为赤道多雨气候。走廊年光合有效辐射总体由东往西逐渐增加，走廊东线低于中线和西线。中线泰国段是降水低值区，马来半岛段降水丰富，但蒸散量高于中南半岛段，缅甸中部段蒸散量最低。走廊沿线以森林为主，农田为辅，分别占 43.7% 和 36.1%，廊道周围自然环境良好。走廊西线缅甸南部、中线泰国段、东线柬埔寨段土地开发程度较高，主要体现为垦殖性开发和建设性开发。走廊缓冲区内农作物种植模式多样，一年一熟种植模式占 44.88%，主要分布在走廊西线缅甸段和中线泰国段，一年两熟和一年三熟的种植模式分别占 43.26% 和 11.86%。走廊缓冲区森林地上生物量约 59.37 亿 t，森林年累积 NPP 普遍高于 $400gC/m^2$，森林固碳能力高。廊道沿线南北城市差异较大，南部城市规模整体比北部大，城市灯光亮度值高、分布广，中、东线沿线城市又比西线城市发达。

走廊西线和中线北段地形崎岖险峻，海拔高达 3000m 以上，坡度达 20°～30°，廊道沿途终年炎热，降水量大，特殊的地形和气候条件给"一带一路"基础设施建设带来一定的困难和挑战。另外，东南亚地区是全球自然灾害频发的区域之一，林火、洪涝、台风、地震、泥石流、火山爆发等自然灾害对"一带一路"建设构成潜在威胁，在经济走廊建设过程中要注意规避自然灾害。廊道沿线森林、农田环绕，保护区广布，廊道建设过程中对沿线农林生长和良好自然本底形成潜在威胁和扰动，在建设过程中要注重考虑保护区的综合生态保护，避免对自然环境的破坏，做到经济建设发展和生态环境保护平衡发展。

第5章 结 论

本书通过遥感数据和产品对"丝绸之路经济带"东南亚区域的生态环境状况进行了监测与评估，主要结论如下。

1）东南亚地区生态资源丰富，可为"一带一路"建设提供充足的物质基础和开发需求

东南亚地区森林资源丰富，以热带雨林和热带季雨林为主，其中热带雨林分布在中南半岛南部和马来群岛，热带季雨林分布在中南半岛北部和中东部。森林总面积为355.96万 km^2，占东南亚地区总面积的66.41%，人均森林面积5701.92m^2。森林年累积净初级生产力水平高，固碳能力高，对全球碳汇贡献大。地上生物量总量279.78亿 t，其中印度尼西亚森林地上生物量占区域的57.42%。

2014年东南亚农田总面积130.44万 km^2，占24.60%，人均农田面积2089.36m^2，人均粮食年产量390kg。中南半岛是东南亚的主要粮食产区，农作物种植模式多样。与2013年相比，2014年东南亚主要粮食生产国的玉米和水稻作物种植面积增加，水稻产量增加，总产量20970万 t，而玉米产量下降，总产量为3604万 t。

2）中南半岛土地利用程度较高，主要体现为垦殖性利用和建设性开发

东南亚土地开发强度指数平均值为0.42，开发状况处于中等水平。受自然条件和社会经济条件差异的影响，地域差异较大。土地开发程度低的区域主要位于马来群岛中东部和中南半岛北部，海拔高、坡度大、森林密布，特殊的地形条件和自然保护需求限制了人类的开发和利用。中南半岛地势低平、光照充足、降水丰富，农耕历史悠久，农田开垦程度和建设用地开发程度较高。土地开发程度较高的区域社会经济比较发达、人口密集，基础设施建设等方面需求旺盛，但可开发土地资源相对有限。如何权衡二者的利弊、选择差异化的区域开发策略，是"一带一路"开发中需进一步考虑的重点。

3）重要节点和港口城市的生态环境状况差异明显，城市化进程普遍较快

东南亚重要节点城市建成区不透水层平均占比77.62%，密集程度相对较高；建成区绿地平均占地率为15.93%，环境绿化水平相对偏低。城市高不透水层结构容易造成热岛效应等多种环境问题，不利人居，城市发展面临较大的生态环境压力。在城市建设和规划过程中要重视绿地的生态屏障功能，进而优化城市内部结构，提高人居环境水平。

东南亚节点城市周边以农田和森林为主，水资源丰富，生态环境良好。2013 年城市建成区灯光指数平均值为 59.97，外围 10km 缓冲区内灯光指数平均值为 39.27。2000～2013 年东南亚城市建成区和周边灯光指数增长较快，平均增速分别为 0.83 和 0.89。小型城市建成区内部灯光指数增速最快，外围缓冲区灯光指数增速较慢，而吉隆坡、雅加达等大中型城市内部灯光指数几近饱和，增长速率较低，甚至部分区域出现下降趋势，城市外围灯光指数增长速率普遍较快。整体来看，东南亚城市灯光指数普遍呈现出"高密度、高增长率"的特点，且未来发展势头强劲。

4）自然环境限制因素相对较小，自然灾害潜在威胁和自然保护需求较大，经济走廊建设需因地制宜，趋利避害

东南亚经济走廊西线和中线北段地形崎岖险峻，给"一带一路"基础设施建设带来一定的困难和挑战。东南亚地区是全球自然灾害频发的区域之一，林火、洪涝、台风、地震、泥石流、火山爆发等自然灾害对"一带一路"建设构成潜在威胁，在经济走廊建设过程中要科学评估灾害风险，最大程度规避自然灾害。廊道沿线森林、农田环绕，保护区广布，廊道建设过程中对沿线农林作物生长和良好自然本底形成潜在威胁和扰动，在建设过程中要注意保护和绕行，注重保护区的综合生态功能，维护生物多样性，避免对自然环境的破坏。总之，在开发建设过程中要处理好开发与保护的关系，因地制宜，趋利避害，做到经济建设发展和生态环境保护平衡发展。

参 考 文 献

高帅，柳钦火，康峻，等 . 2015. 中国－东盟 2013 年 1km 分辨率植被净初级生产力数据集（MuSyQ-
　　NPP-1km-2013）. 全球变化科学研究数据出版系统，DOI：10. 3974/geodb. 2015. 01. 15. V1.

国家统计局 . 2015. 中国统计年鉴 . http://www. stats. gov. cn/tjsj/ndsj/. 2015-11-15.

李静，柳钦火，尹高飞，等 . 2015. 中国－东盟 1km 分辨率叶面积指数数据集（2013）（MuSyQ-LAI-1km-2013）.
　　全球变化科学研究数据出版系统，DOI：10. 3974/geodb. 2015. 01. 18. V1.

刘清旺，胡凯龙 . 2016. 全球 1km 森林地上生物量数据集（2005）. 国家综合地球观测数据共享平台，
　　http://www. chinageoss. org/dsp/sciencedata/sciencedataview. action?dataId=d1dd40ed-d817-4e2f-8f71-
　　59b89b406005.

徐新良，王靓，吴俊君，等 . 2016. "一带一路" 主要城市建成区 30m 土地覆盖数据集（2015），国家综合
　　地球观测数据共享平台，http://www. chinageoss. org/dsp/sciencedata/sciencedata_view. action?dataId=37d466f0-
　　b4c8-4c39-8b57-85f1e671f709.

俞乐，宫鹏 . 2016. 全球 250 米土地覆盖数据集（2014）. 国家综合地球观测数据共享平台，http://www.
　　chinageoss. org/dsp/sciencedata/sciencedata_view. action?dataId=5fa048d5-5746-406c-83e3-5348585b4804.

张春晓 . 2016. 东盟共同体昨日建立 . http://world. people. com. cn/n1/2016/0101/c157278-28002170. html.
　　2016-01-01.

张海龙，辛晓洲，李丽，等，2017. 中国－东盟 5km 分辨率光合有效辐射数据集（2013）. 全球变化数
　　据学报 1，40-44.

庄大方，刘纪远 . 1997. 中国土地利用程度的区域分异模型研究 . 自然资源学报，12（2）：105-111.

Cui Y K，Jia L. "A Modified Gash Model for Estimating Rainfall Interception Loss of Forest Using Remote
　　Sensing Observations at Regional Scale". Water，2014，6（4）：993-1012.

Hu G C，Jia L. "Monitoring of Evapotranspiration in a Semi-Arid Inland River Basin by Combining
　　Microwave and Optical Remote Sensing Observations". Remote Sensing，2015，7（3）：3056-3087.

Li L，Xin X，Zhang H，et al. 2015. A method for estimating hourly photosynthetically active radiation（PAR）
　　in China by combining geostationary and polar-orbiting satellite data. Remote Sensing of Environment 165，
　　14-26.

Lu J，Jia L，Zheng C L，et al. 2016. "Characteristics and Trends of Meteorological Drought over China from
　　Remote Sensing Precipitation Datasets". IEEE International Geoscience and Remote Sensing Symposium

（IGARSS），7581-7584.

Xu B，Li J，Liu Q，et al. 2016. Evaluating Spatial Representativeness of Station Observations for Remotely Sensed Leaf Area Index Products. IEEE Journal of Selected Topics in Applied Earth Observations & Remote Sensing，9（7）：3267-3282.

Yin G，Li J，Liu Q，et al. 2015a. Improving Leaf Area Index Retrieval Over Heterogeneous Surface by Integrating Textural and Contextual Information：A Case Study in the Heihe River Basin. IEEE Geoscience & Remote Sensing Letters，12（2）：359-363.

Yin G，Li J，Liu Q，et al. 2015b. Regional Leaf Area Index Retrieval Based on Remote Sensing：The Role of Radiative Transfer Model Selection［J］. Remote Sensing，7（4）：4604-4625.

Yin G，Li J，Liu Q，et al. 2016. Improving LAI spatio-temporal continuity using a combination of MODIS and MERSI data. Remote Sensing Letters，7（8）：771-780.

Zeng Y，Li J，Liu Q，et al. 2015. An Optimal Sampling Design for Observing and Validating Long-Term Leaf Area Index with Temporal Variations in Spatial Heterogeneities. Remote Sensing，7（2）：1300-1319.

Zeng Y，Li J，Liu Q，et al. 2016. An Iterative BRDF/NDVI Inversion Algorithm Based on A Posteriori Variance Estimation of Observation Errors. IEEE Transactions on Geoscience & Remote Sensing，54（11）：6481-6496.

Zheng C L，Jia L，Hu G C，et al. 2016. "Global Evapotranspiration Derived by ETMonitor Model Based on Earth Observations". IEEE International Geoscience and Remote Sensing Symposium（IGARSS），222-225.